Nicole Prediger

Konversion im Spiegel städtischen Flächenmanagements

am Beispiel der Pioneer Kaserne in Hanau

disserta
Verlag

Prediger, Nicole: Konversion im Spiegel städtischen Flächenmanagements: am Beispiel der Pioneer Kaserne in Hanau, Hamburg, disserta Verlag, 2014

Buch-ISBN: 978-3-95425-852-9
PDF-eBook-ISBN: 978-3-95425-853-6
Druck/Herstellung: disserta Verlag, Hamburg, 2014
Covermotiv: © Uladzimir Bakunovich – Fotolia.com

Bibliografische Information der Deutschen Nationalbibliothek:
Die Deutsche Nationalbibliothek verzeichnet diese Publikation in der Deutschen Nationalbibliografie; detaillierte bibliografische Daten sind im Internet über http://dnb.d-nb.de abrufbar.

Zusammenfassung

In diesem Buch wird die Thematik der Konversion am Beispiel der Pioneer Kaserne in Hanau erläutert. Die Kaserne wurde vor mehr als fünf Jahren von den amerikanischen Streitkräften geräumt. Das Buch erörtert mögliche Nachfolgenutzungen.

Zunächst stellt diese Ausarbeitung drei verschiedene Szenarien möglicher Nachfolgenutzungen für dieses Gebiet dar. Denkbar sind die Errichtung eines neuen Logistik- und Dienstleistungszentrums, die Ansiedlung einer Hochschule mit Gewerbe und Industrie oder die Entwicklung eines neuen Wohngebiets. Im Anschluss wird eine Nutzwertanalyse durchgeführt und berechnet, welche der vorgestellten Nutzungen sich am besten für diese Planfläche eignen. Die Nutzwertanalyse ergibt, dass die Errichtung eines Logistik- und Dienstleistungszentrums die beste Nachfolgenutzung für dieses Areal ist.

Abschließend werden der Stadt Hanau Handlungsempfehlungen für ihr weiteres Vorgehen gegeben. Wichtig ist eine zügige Planungsrealisierung. Leerstände sollten verhindert und eine Zwischennutzung der Gebäude in Betracht gezogen werden. Die nachhaltige Projektentwicklung sollte dabei immer im Vordergrund stehen.

Inhaltsverzeichnis

Abbildungsverzeichnis

Tabellenverzeichnis

Abkürzungsverzeichnis

BauGB	Baugesetzbuch
BauNVO	Baunutzungsverordnung
BbodSchG	Bundesbodenschutzgesetz
BfLR	Bundesforschungsanstalt für Landeskunde und Raumordnung
BGF	Bruttogeschossfläche
BHO	Bundeshaushaltsordnung
BIMA	Bundesanstalt für Immobilienaufgaben
B-Plan	Bebauungsplan
EZB	Europäische Zentralbank
FAZ	Frankfurter Allgemeine Zeitung
FEH	Forschungs- und Entwicklungsgesellschaft Hessen mbH
FFH- Gebiet	Fauna-Flora-Habitat- Gebiet
FR	Frankfurter Rundschau
GNZ	Gelnhäuser Neue Zeitung
HDSchG	Hessisches Denkmalschutzgesetz
HTS	Hessen Touristik Service e.V.
FNP	Flächennutzungsplan
GFZ	Geschossflächenzahl
GRZ	Grundflächenzahl
IBH	Investitionsbank Hessen AG
IHK	Industrie- und Handelskammer
MIV	Motorisierter Individualverkehr
NATO	Nordatlantikvertrag-Organisation (North Atlantic Treaty Organisation)
NWA	Nutzwertanalyse
ÖPNV	Öffentlicher Personennahverkehr
RegFNP	Regionaler Flächennutzungsplan
RP	Regierungspräsidium

TGZ	Technologie- und Gründerzentrum
TSH	TechnologieStiftung Hessen GmbH
VwVfG	Verwaltungsverfahrensgesetz
WertV	Wertermittlungsverordnung
WGT	Westgruppe der Truppen der Sowjetarmee

1 Einleitung

Mit der Wiedervereinigung der Bundesrepublik Deutschland Anfang der 1990er Jahre und der Beilegung des Ost-West-Konflikts haben die US-Streitkräfte mit dem Abzug ihrer Truppen aus der Bundesrepublik Deutschland begonnen. Im Rahmen dieser Abzüge, die in den nächsten Jahren abgeschlossen sind, werden innerhalb von wenigen Jahren große militärische Flächen frei, die der zivilen Nutzung zugeführt werden sollen und das Thema Konversion so aktuell machen wie nie zuvor.

Die betroffenen Kommunen werden vor neue Herausforderungen gestellt. Die derzeit schlechte Haushaltssituation vieler Kommunen und auch die Problematik des demographischen Wandels erschweren den Konversionsprozess. Trotz der schwierigen äußeren Bedingungen müssen die Kommunen dennoch versuchen, Folgenutzungen für die ehemaligen militärischen Einrichtungen zu finden und den Zerfall der Gebäude bzw. das Brachliegen der Flächen zu verhindern, damit das städtische Gesamtbild nicht negativ beeinflusst wird.

Die Gemeinden dürfen aber nicht nur die Risiken einer solchen städtischen Veränderung durch Konversion betrachten, sondern müssen auch die sich daraus ergebenden Chancen erkennen. Durch ein durchdachtes Flächenmanagement und eine interkommunale Zusammenarbeit können Konversionsprojekte erfolgreich realisiert werden und ein Aufschwung für die ganze Region bedeuten.

1.1 Einordnung des Themas in die Geographie und Zielsetzung

Die Thematik der Konversion, mit der sich diese Diplomarbeit beschäftigt, wird in der Geographie im Bereich der Anthropographie angesiedelt und gehört dort zum Teilbereich der Raum- und Stadtplanung.

Ziel dieser Arbeit ist es, für die ab Sommer 2008 nicht mehr genutzte militärische Fläche der Pioneer Kaserne in Hanau eine geeignete Folgenutzung zu finden. Für diesen Zweck werden zunächst die Rahmenbedingungen der Kaserne untersucht und mögliche Konkurrenzflächen der Kaserne näher betrachtet. Im Anschluss werden drei unterschiedliche Szenarien entwickelt, die für dieses Kasernenareal in Frage kommen könnten (siehe Kapitel 9). Die beste Lösung einer Nachfolgenutzung wird dann durch die Anwendung einer Nutzwertanalyse (siehe Kapitel 10) herausgearbeitet.

Die Methodik der Szenarienentwicklung und die Anwendung einer Nutzwertanalyse sollen erste Ideen für eine Weiterentwicklung dieses Areals geben. Somit kann die spätere Nutzungsfindung unterstützt und erleichtert werden. Diese Methoden bieten beste Möglichkeiten zur anschaulichen Darstellung und sind dadurch für Dritte leichter nachzuvollziehen.

Diese Ausarbeitung beschäftigt sich ausschließlich mit der Konversion am Beispiel der Pioneer Kaserne in Hanau. Obwohl in der Stadt noch eine Vielzahl weiterer Konversionsflächen existieren, weist die Pioneer Kaserne im Stadtteil Wolfgang die größte Bandbreite an Alternativen auf und stellt für das Stadtplanungsamt eine große Herausforderung im gesamtstädtischen Planungsprozess dar. Nach Ansicht von Experten sind die Probleme mit der Pioneer Kaserne mindestens so groß wie die sämtlicher Konversionsflächen in Hanau zusammen.

Für die Lösung dieser Problemstellung orientiert sich die Arbeit an folgenden *Leitfragen*:

1. Welche Flächen konkurrieren mit dem Plangebiet der Pioneer Kaserne?

2. Welche Nachfolgenutzungsarten können für das Plangebiet in Frage kommen?

3. Welche einzelnen Kriterien tragen zur Entscheidung der Nachfolgenutzung bei?

4. Welche Nutzung ist für die Fläche am besten geeignet?

5. Wie sollte die Stadt im weiteren Konversionsprozess vorgehen?

1.2 Methodik und Aufbau der Arbeit

Zunächst werden unter dem Thema „Nachhaltige Stadtentwicklung durch Konversion" verschiedene Aspekte beleuchtet (siehe Kapitel 2). Hier werden die Begriffe Konversion und Liegenschaftskonversion bestimmt und die geschichtlichen Aspekte der Konversion, ihre Raumwirksamkeit, die verschiedenen planerischen Phasen des Konversionsablaufs und die daran beteiligten Akteure sowie verschiedene Verwertungsmodelle erläutert. Des Weiteren werden Umsetzungsstrategien ausgewählter hessischer Städte vorgestellt. Daraufhin wird auf die im Konversionsprozess wichtigen rechtlichen Aspekte eingegangen (siehe Kapitel 3). Anschließend werden verschiedene formelle und informelle Instrumente des städtischen Flächenmanagements genannt und beschrieben (siehe Kapitel 4), bevor im fünften Kapitel der Wirtschaftsraum Hanau, in dem das Plangebiet Pioneer Kaserne der Diplomarbeit liegt, genauer betrachtet wird. Im Folgenden werden die Leitbilder, die der zukünftigen gesamtstädtischen Rahmenplanung dienen sollen, genannt (siehe Kapitel 6). Im anschließenden siebten Kapitel werden mögliche Konkurrenzflächen für die jeweils beschriebenen Szenarien für das Areal der Pioneer Kaserne betrachtet. Zudem werden weitere Konversionsflächen und deren eventuellen Nutzungsoptionen in der Stadt Hanau beschrieben. Des Weiteren wird auf die ausgewiesenen Industrie- und Gewerbeflächen sowie auf Wohnbauflächen eingegangen und die Lage bereits vorhandener Hochschulen in der Umgebung Hanaus betrachtet. Anschließend erfolgt eine Bestandsaufnahme des Plangebiets der Pioneer Kaserne, in der u. a. Fragen wie die Lage, ihre Verkehrsanbindung, die jetzige Gebäudesubstanz und -nutzung, Denkmalschutz, Altlastenverdachtsflächen und die Werteermittlung geklärt werden (siehe Kapitel 8). Im neunten Kapitel werden nach der Methodendarstellung drei verschiedene Szenarien für eine Nachfolgenutzung des Kasernenareals beschrieben und jeweils ein Rahmenplan entwickelt. Im darauf folgenden Kapitel wird eine Nutzwertanalyse auf der Grundlage der vorher entwickelten Szenarien durchgeführt und der beste Gesamtnutzwert einer Nachfolgenutzung für die Kaserne berechnet (siehe Kapitel 10). Im elften Kapitel werden Handlungsempfehlungen für die Stadt Hanau gegeben, bevor abschließend die wichtigsten Aspekte der Arbeit in einem Fazit zusammengefasst werden. Im Anhang finden sich aktuelle Zeitungsartikel zum derzeitigen Konversionsprozess in Hanau bzw. im Land Hessen sowie einige wichtige Gesetzesauszüge.

Durch präzise ausgewählte Gespräche konnten wichtige Erkenntnisse gewonnen und für die Arbeit sinnvoll genutzt werden. Dazu wurden Interviews mit Mitarbeitern und Amtsleitern verschiedener Stadtplanungsämter sowie mit Industrie- und Handelskammern, Logistik- und Speditionsunternehmern und zusätzlich mit einer Wohnbaugesellschaft geführt. Die entsprechenden Ergebnisprotokolle sind im Anhang zu finden.

Da bei der Ortsbegehung der Pioneer Kaserne aus Sicherheitsgründen keine Fotos gemacht werden durften, musste bei der Bestandsaufnahme in Kapitel acht auf Luftbilder und Karten aus dem Internet zurückgegriffen werden.

2 Nachhaltige Stadtentwicklung durch Konversion

Dieses Kapitel fokussiert zunächst den Begriff der Konversion und definiert die Begriffe Liegenschaftskonversion und die Kaserne als Typ militärischer Liegenschaften. Bevor sich der Blick auf die historischen Aspekte der Konversion richtet, werden die verschiedenen Auswirkungen militärischer Standorte auf ihre Umgebung dargestellt. Im Anschluss werden Strategien und Vorgehensweisen im Konversionsprozess ausgewählter Städte in Hessen beleuchtet, die Phasen eines Konversionsablaufs dargelegt sowie die beteiligten Akteure dieses Prozesses und verschiedene Verwertungsmodelle beschrieben.

2.1 Definition des Begriffs Konversion

Aus etymologischer Sicht leitet sich der Begriff *Konversion* vom lateinischen Wort „convertere" = umwenden/umkehren ab und steht somit allgemein für eine Umwandlung, einen Wechsel, eine Dynamik oder eine Änderung (vgl. Sachs, 2004, S. 74).

In der Literatur werden verschiedene Definitionen für den Begriff der Konversion gegeben:

- Witzmann: „Wenn bei dem Begriff der Konversion gelegentlich von den vier ‚U's gesprochen wird, nämlich von Umwandlung, Umformung, Umkehr und Umdeutung, so wird […] unter Flächenkonversion die Umwandlung des Gebrauchs oder der Nutzung einer Fläche verstanden" (Witzmann, 1994, S. 279).

- Gettmann: „Militärische Konversion wird im allgemeinen Sprachgebrauch als Umwidmung ehemals militärischer Ressourcen für zivile Zwecke verstanden. In der Konversionspraxis ist damit in der Regel die Umnutzung und Überplanung ehemals militärischer Liegenschaften gemeint" (Gettmann, 1992, S. 3).

- Zarth: „Konversion meint in einer weitgefassten Definition den Vorgang der Umstellung militärisch genutzter Anlagen und Produktionsmittel auf eine zivile Nutzung und die Produktion ziviler Güter" (Zarth, 1992, S. 11).

- Moseler: „Unter Konversion versteht man also in der derzeitigen wissenschaftlichen und politischen Diskussion die Umnutzung bzw. Umwidmung militärischer Anlagen, Einrichtungen, Arbeitsplätze und Produktionsmittel in eine zivile Nutzung als Folge des weltweiten Abrüstungsprozesses zwischen den ehemaligen Kontrahenten im Ost-West-Konflikt" (Moseler, 1997, S. 20).

Für diese Arbeit ist es sinnvoll, den Begriff der Konversion einzugrenzen. Im Vordergrund stehen in erster Linie die städtebaulichen Möglichkeiten, die sich bei der Wiedernutzung militärischer Liegenschaften ergeben (vgl. Bundesministerium für Raumordnung, Bauwesen und Städtebau, 1993, S. 1).

Wenn von nachhaltiger Stadtentwicklung durch Konversion gesprochen wird, sollte zunächst geklärt werden, was darunter zu verstehen ist. Seit der Konferenz der Vereinten Nationen über Umwelt und Entwicklung in Rio de Janeiro im Jahr 1992 richtet sich die *Stadtentwicklung*[1] mehr und mehr nach dem Grundsatz der Nachhaltigkeit. Nach einem städtebaulichen Bericht der Bundesforschungsanstalt für Landeskunde und Raumordnung bedeutet nachhaltige Stadtentwicklung „gleichzeitig die Lebensqualität vor Ort zu verbessern und die Bedürfnisse der heute und in Zukunft lebenden Bevölkerung zu befriedigen, ohne dabei die Bedürfnisse der Personen in anderen Regionen einzuschränken" (Bundesforschungsanstalt für Landeskunde und Raumordnung, 1996, S. 2).

> „Eine nachhaltige Entwicklung ist demnach die Entwicklung, die die Bedürfnisse der Gegenwart befriedigt, ohne zu riskieren, dass künftige Generationen ihre eigenen Bedürfnisse nicht befriedigen können" (Sahner, 1998, S. 1).

Die wichtigsten Ziele der nachhaltigen Stadtentwicklung sind die Vermeidung eines hohen Flächenverbrauchs und die starke Zersiedlung. Flächen sollen recycelt und verstärkt innerhalb der Stadt entwickelt werden, was einen weiteren Anstieg des Verkehrs vermeidet. Des Weiteren sollen sich benachbarte Städte und Gemeinden untereinander austauschen und das Überangebot an Flächen verhindern. Ein weiteres Ziel beschreibt den Grundsatz der kurzen Wege. Dieser bedeutet eine Minimierung des Verkehrsaufkommens und die Schonung der Umwelt durch die Mischung und Verflechtung der Funktionen Arbeiten, Wohnen und Freizeit (vgl. Bundesforschungsanstalt für Landeskunde und Raumordnung, 1996).

---

[1] Definition Stadtentwicklung: „Stadtentwicklung ist der soziale, ökonomische und ökologische Veränderungsprozess zur Sicherung und Verbesserung der Rahmenbedingungen für die Lebensumstände der Bürger einer Stadt, legitimiert durch die kommunale Planungshoheit" (Mathe, 23.08.2007, Hanau).

2.2 Begriffsbestimmung Liegenschaftskonversion

Den Begriff Konversion kann man in verschiedene Typen einteilen. Jedoch werden in der Literatur verschiedene Begriffe synonym gebraucht und es erweist sich als schwierig, eine klare Abgrenzung zu treffen. Für die Diplomarbeit ist vor allem der Begriff *Liegenschaftskonversion* von Bedeutung, der synonym mit dem Begriff *städtebauliche Konversion* verwendet und als Unterbegriff der Standortkonversion angesehen wird. Weitere Konversionsbegriffe sind: Regionale Konversion, Beschäftigungskonversion und Rüstungskonversion.

Nach Gettmann umschreibt der Begriff Liegenschaftskonversion „alle Aktivitäten, die auf die Freigabe und zivile Folgenutzung des militärisch beanspruchten Geländes gerichtet sind." (Gettmann, 1993, S. 27). Allgemein beschreibt die Liegenschaftskonversion daher die Umwandlung einer einzelnen militärischen Liegenschaft in die zivile Nachnutzung. Jacob unterscheidet dabei zwei Arten von Liegenschaftskonversion, erstens die zivile bei Industriestandorten und Bahnflächen und zweitens die militärische Liegenschaftskonversion. Für diese beiden Arten nennt er gemeinsame Charakteristika. Nach dem Abzug der militärischen Truppen kommt es in den meisten Fällen zu einer längeren Unter- oder sogar Nichtnutzung, wodurch Flächen und Gebäude verwahrlosen. Die Bausubstanz weist oft einen speziellen Gebäudetypen auf, ist teilweise kulturelles und geschichtliches Erbe und steht unter Denkmalschutz. Oft sind diese Flächen stark mit Altlasten behaftet, die bei der Umnutzung der freiwerdenden Flächen große Probleme und Kosten mit sich bringen können (vgl. Jacob, 2006).

2.3 Die Kaserne als Typ militärischer Liegenschaften

Die Nachfolgenutzung einer militärischen Anlage oder Einrichtung wird von der siedlungsstrukturellen Lage, der militärischen Vornutzung und der Flächengröße beeinflusst (vgl. Winkler, 1992, S. 377). Daher werden im Folgenden die verschiedenen Typen militärischer Nutzung genannt und explizit auf den Typ *Kaserne* eingegangen, der für den weiteren Verlauf der Diplomarbeit von Bedeutung ist. In einer Publikation der Schriftenreihe „Forschung" des Bundesministeriums für Raumordnung, Bauwesen und Städtebau werden folgende Typen unterschieden: Truppenübungsplätze, Standortübungsplätze, Flugplätze, Militärische Depots, Kasernen, militärische Werkstätten, Infrastruktureinrichtungen, Militärverwaltung und Wohnanlagen. Umgangssprachlich wird meist allgemein von Kasernen gesprochen und darunter alle militärischen Liegenschaften unabhängig von ihrer Nutzung verstanden (vgl. Bundesministerium für Raumordnung, Bauwesen und Städtebau, 1992, S. 8f). Nach der Typisierung in der oben genannten Veröffentlichung liegt eine Kaserne meist im Innenbereich einer Stadt und stellt dadurch ein besonderes Potential in der Konversionsfrage dar. Daher wird bei diesen Flächen auch gerne von „Filetstücken für die Bauleitplanung" (Moseler, 1997, S. 32) gesprochen. Der Typ Kaserne besteht aus einer Mischung unterschiedlichster Gebäudetypen, beispielsweise Unterkunftsgebäude, Gemeinschaftseinrichtungen wie Sportplätze oder Casinos, Lager, Garagen, Exerzierplätze, Lehrsäle, ABC-Übungsräume, Tankstellen oder Werkstätten.

2.4 Raumwirksamkeit der militärischen Standorte

Die Präsenz von militärischen Truppen und ihre Nutzung von Flächen sowie die bevorstehenden Abzüge haben unterschiedlichste allgemeine Auswirkungen auf eine Stadt bzw. auf eine Region (vgl. Moseler, 1997, S. 33ff). Diese können sowohl positiv als auch negativ sein und werden im Folgenden erläutert.

2.4.1 Ökonomische Auswirkungen des Militärs

Die Ansiedlung von Militär in einer Stadt schafft neue Arbeitsplätze, einerseits durch die direkte Zivilbeschäftigung, aber auch durch die Vergabe von Aufträgen an regionale Firmen. Besonders die Baubranche, aber auch die Automobilbranche, Lebensmittelanbieter – wie Bäcker und Metzger – und das Gaststättengewerbe profitieren von den militärischen Truppen und werden nach Abzug der alliierten Streitkräfte Finanzeinbußen verzeichnen. Beim Abzug des Militärs verlieren die dort angestellten Zivilbeschäftigten ihre Arbeit. Die Integration in den regionalen Arbeitsmarkt könnte für diese Beschäftigten schwierig werden, da die Berufsangebote beim Militär meist nur aus einfacheren Tätigkeiten wie Reinigung, Liegenschaftsunterhaltung oder Küchenarbeiten bestehen und die Beschäftigten daher nur eine niedrige Qualifizierung vorweisen können (vgl. Simon, 2007, S. 21).

Jedoch bringt die Ansiedlung des Militärs in einer Stadt auch ökonomische Nachteile mit sich. Die alliierten Streitkräfte sind einerseits von den Gewerbe- und Grundsteuern befreit, andererseits muss die Stadt öffentliche Einrichtungen schaffen, die Infrastruktur ausbauen und Verkehrswege bereitstellen sowie die Struktur ihrer Verwaltung entsprechend anpassen.

2.4.2 Siedlungsstrukturelle Auswirkungen

Durch die Ansiedlung der militärischen Streitkräfte werden neue Kasernen bzw. entsprechende Bauten errichtet. Diese sorgen für eine tiefgreifende Änderung des Landschafts- und Ortsbildes und für große Stadterweiterungen, wobei vor allem die gewaltigen Wohnsiedlungen der Alliierten viel Fläche in Anspruch nehmen, wodurch landwirtschaftliche Nutzflächen verloren gegangen sind.

„Die Einrichtungen sind hinsichtlich ihrer infrastrukturellen Versorgung autonom und meist waren bzw. sind sie allgemein nicht zugänglich" (Moseler, 1997, S. 35). Einerseits befinden sich innerhalb des Geländes eigene Schulen, Kindergärten, Einkaufszentren, Universitäten, Kirchen, Kinos, Sportplätze und weitere öffentliche Einrichtungen. Andererseits aber wird die Infrastruktur, z. B. Straßen und Eisenbahnlinien, weiter ausgebaut, was besonders in peripheren Räumen Vorteile mit sich bringt.

2.4.3 Soziale Auswirkungen

Die ausländischen Streitkräfte schotten sich größtenteils von der deutschen Umgebung ab. Dies liegt hauptsächlich am Vorhandensein sämtlicher Einrichtungen wie Schulen oder Kindergärten innerhalb des militärischen Geländes, was eine starke Abgrenzung zur örtlichen Gemeinde zur Folge hat und die Integration hemmt. Sprachliche Barrieren verstärken diesen Effekt noch. Viele Städte versuchen daher durch Gründungen von Clubs, den Kontakt zwischen den Soldaten und der Ortsbevölkerung zu verbessern (vgl. Moseler, 1997, S. 37). Nur einige Soldaten, die in Privathäusern wohnen, haben mehr Kontakt zu den Bürgern. Des Weiteren kommt es durch die Stationierung von ausländischen Streitkräften auch oft zu höherer Kriminalität und Prostitution (vgl. Moseler, 1997, S. 37).

2.4.4 Ökologische Auswirkungen

Militärische Nutzungen haben starke ökologische Auswirkungen. Durch das Fahren von Panzern und schweren Transportern kommt es auf dem Militärgelände zu starken Bodenverdichtungen und zu Wuchsschädigungen der Pflanzen. Auch Straßen und Waldwege werden bei Übungsfahrten von den Kettenfahrzeugen stark beschädigt. Schießlärm, Fluglärm und der militärische Fahrbetrieb belasteten die Anwohner in der näheren Umgebung der militärischen Gelände und beeinträchtigten die Naherholung. Des Weiteren wird der Boden durch Benzin oder Öl verunreinigt oder sogar vergiftet. An vielen Stellen sind noch heute Munitions- und Metallreste zu finden. Diese Altlasten verursachen neben den ökologischen Schäden auch hohe Sanierungskosten und können zu Zeitverzögerungen bei der Entwicklung einer Nachfolgenutzung führen. Außerdem können bestehende Altlasten die Vermarktung erschweren und den Liegenschaftswert deutlich verringern (vgl. Simon, 2007, S. 22).

Demgegenüber haben sich, laut Moseler, auf einigen militärisch genutzten Flächen interessante Biotoptypen, u. a. mit seltenen Orchideenarten, entwickelt. Ferner haben Panzer und das Fahren schwerer Geräte die Entstehung von Laichbiotopen in Fahrspuren und Mulden begünstigt (vgl. Moseler, 1997, S. 38).

2.5 Historischer Hintergrund der Konversion

Die Konversion von Militärflächen ist keine neue Entwicklung. Im Laufe der Geschichte gab es einige militärische Anlagen, die mit der Zeit ihre Funktion verloren und oft später zivil weiter genutzt wurden und teilweise heute noch vorhanden sind. Ein Beispiel hierfür ist der römische Limes in Deutschland, der in der Antike die Grenze zwischen dem Römischen Reich und den Germanen bildete. Heute dienen noch existierende Wachtürme oder Kastelle als Anziehungspunkt für Touristen. Des Weiteren ist die Porta Nigra in der Stadt Trier zu erwähnen. Sie hatte zunächst die Funktion eines Stadttors im Römischen Reich, anschließend eine religiöse Funktion als Kirche und dient heute ebenfalls dem Tourismus als Sehenswürdigkeit (vgl. Moseler, 1997, S. 18).

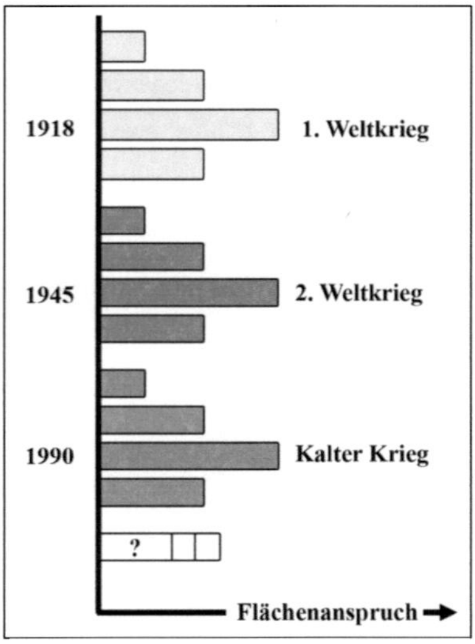

Die Thematik Konversion bekam erst zu Beginn der 1990er Jahre zunehmend Aufmerksamkeit, rückte mit immer weiter fortschreitenden Truppenabzügen aus Deutschland mehr und mehr ins Licht der Stadtplanung und gehört heute zu deren Planungsaufgaben.

Witzmann teilt die Entwicklungen der Konversion im 20. Jahrhundert in drei *Rüstungszyklen* ein: Der erste Zyklus beschreibt den Zeitraum von 1900 bis 1933 mit der Hochrüstung im Ersten Weltkrieg, der zweite den Zeitraum von 1933 bis nach dem Zweiten Weltkrieg und der dritte Zyklus den

Abbildung 2-1: Schema zur Entwicklung des Flächenanspruchs des Militärs in Deutschland im 20. Jahrhundert
Quelle: Jochumsen/ Korte, 2002, S. 7

zwischen 1955 und 1991 mit der Kulmination (Hochrüstung) im Kalten Krieg (vgl. Witzmann, 1994, S. 280).

„Ein Rüstungszyklus hat […] vier Phasen: Aufrüstung, Hochrüstung, Abrüstung und Tiefstand" (Witzmann, 1994, S. 280). Zunächst werden in den Aufrüstungsphasen die Truppen verstärkt und militärische Einrichtungen und Anlagen vergrößert, was zu einem höheren militärischen Flächenbedarf führt. Es kommt zu einer Umwandlung ziviler Fläche in militärisch genutzte. In der Phase der Hochrüstung ist der Flächenbedarf weitgehend gedeckt. Es besteht daher kein Anlass zur Konversion. In der anschließenden Abrüstungsphase sinkt der Bedarf nach militärischen Flächen und es sind mehr militärische Flächen vorhanden als benötigt werden. Diese Flächen werden wieder einer zivilen Nutzung zugeführt. In der Phase des Tiefstands ist der Flächenbedarf gedeckt und es erfolgt keine Konversion. Es wird weder neue militärische Fläche benötigt, noch werden militärische Flächen für die zivile Nutzung freigegeben (vgl. Witzmann, 1994, S. 280).

Die amerikanischen und weiteren alliierten Truppen besetzten als Siegermächte nach dem Ende des Zweiten Weltkriegs (zweiter Rüstungszyklus) Deutschland (vgl. Kinder/Hilgemann, 1991, S. 493). Im Zeitraum des Kalten Krieges blieben die amerikanischen Streitkräfte aufgrund der politischen Lage weiterhin in Deutschland stationiert. Erst im Rahmen des Golfkriegs zog ein Großteil der amerikanischen Einheiten im Jahr 1991 von Deutschland ab (vgl. Meyers Lexikon Online, 2007). Die noch in Deutschland verbliebenen amerikanischen Truppen werden das Land in den nächsten Jahren verlassen. Nur geringe Truppenteile bleiben, wegen der bestehenden NATO-Verträge, weiter stationiert.

Nach dem Ende des Ost-West-Konflikts und der Wiedervereinigung Deutschlands am 03. Oktober 1990 veränderten sich die militärischen Bedingungen völlig. Auf der Basis des *„2+4-Vertrags"*[2] wurde die Truppenstärke der deutschen Streitkräfte von 700.000 Soldaten auf 370.000 Mann bis Ende 1994 (Bundesfinanzministerium, 2006) reduziert. Ferner wurde die Viermächte-Konstellation beendet, was den Truppenabbau französischer, britischer, sowjetischer und amerikanischer Streitkräfte auslöste. Die damalig militärisch genutzten Flächen der sowjetischen Truppen entsprachen der Größe des heutigen Saarlandes. Ihre Streitkräfte wurden bis 1994 komplett vom Gebiet der ehemaligen DDR abgezogen (vgl. Witzmann, 1994, S. 282).

---

[2] 2+4 Vertrag: Vertrag über die abschließende Regelung in Bezug auf Deutschland. Durch den „2+4 Vertrag" erhielt Deutschland die volle Souveränität zurück und verzichtete dafür endgültig auf die Gebiete jenseits der Oder-Neiße-Linie, auf ABC-Waffen und die Führung eines Angriffskriegs (lexexakt.de, 2007).

Der „2+4-Vertrag" legte ebenfalls fest, dass in den neuen Bundesländern und in Berlin keine ausländischen Streitkräfte mehr stationiert sein dürfen. Die Zahl der übrigen ausländischen Streitkräfte in den alten Bundesländern lag 1994 noch bei ca. 410.000 Soldaten (Bundesfinanzministerium, 2006). Diese Zahl sank bis 2005 auf rund 100.000 Soldaten (Bundesfinanzministerium, 2006). Weitere Truppenabzüge der Alliierten aus Deutschland sind geplant.

Die amerikanische Armee stationierte im März 2004 noch 75.603 Soldaten (aktives Militärpersonal der US-Streitkräfte) (vgl. Nassauer, 2004) in Deutschland. Nach Aussagen des Präsidenten George W. Bush werden seit Beginn des Jahres 2006 bis zu 45.000 amerikanische Soldaten aus Deutschland abgezogen (vgl. Piper, 2004). Die Liegenschaften der ausländischen Streitkräfte belaufen sich auf eine Gesamtgröße von ca. 84.025 ha, Stand 01.01.2007 (Bundesfinanzministerium, 2006). Mit der Reduzierung der Streitkräfte setzt auch die Freigabe dieser militärischen Anlagen und Flächen ein. Derzeit werden zahlreiche Militärflächen frei, die wieder einer zivilen Nutzung zugeführt werden sollen. Konversion in solch einem Umfang ist noch nie zuvor aufgetreten und stellt Städte und Kommunen vor neue Herausforderungen.

Die Zeit nach dem Ende des Kalten Krieges kann in zwei Konversionsperioden aufgeteilt werden: In der ersten Periode zu Beginn der 1990er Jahre waren überwiegend Mittel- und Oberzentren betroffen. Viele innerstädtische Flächen wurden freigegeben. Durch die Wiedervereinigung und die damit verbundenen starken Ost-West-Wanderungen herrschte überwiegend eine Gewerbe- und Wohnflächennachfrage, besonders in den Verdichtungsräumen (vgl. Franke, 2006, S. 11). Das Freiwerden militärischer Flächen war vor allem für Ballungsräume und Oberzentren positiv zu werten. In strukturschwachen oder ländlichen Regionen waren die frei gewordenen Flächen, aufgrund kaum vorhandener Flächennachfrage, eher eine Belastung für die Stadt bzw. Kommune.

In der derzeitigen Konversionsperiode sind nun auch viele Klein- und Unterzentren betroffen und die freiwerdenden Flächen liegen oft am Stadtrand oder sogar im Außenbereich. Die Nachfrage aus den 1990er Jahren ist gedeckt und in vielen Kommunen besteht ein Überangebot an Gewerbeflächen. Ebenso ist der Wohnungsmarkt weitgehend ausgeglichen und in den nächsten Jahren wird es auch dort zu einem Überangebot an vorhandenen Flächen kommen, da die Bevölkerungszahl rückläufig ist (vgl. Franke, 2006, S. 12). Vor allem in strukturschwachen oder ländlichen Räumen bestehen große Befürchtungen, dass die Wirtschaft vor Ort durch den Abzug des Militärs, dem damit verbundenen Wegfall von Arbeitsplätzen sowie dem Verlust von Kaufkraft weiter geschwächt wird (vgl. Sachs, 2004 S. 75).

2.6　Umsetzungsstrategien ausgewählter Städte in Hessen

Seit Beginn der neunziger Jahre sind in der Bundesrepublik Deutschland zahlreiche militärische Flächen geräumt und eine bis dahin nicht für möglich geglaubte Anzahl von Soldaten und Zivilbeschäftigten abgezogen bzw. freigesetzt worden. Die Frage der zivilen Nutzung dieser ehemaligen Militärflächen stand plötzlich im Mittelpunkt des öffentlichen Interesses und wurde zu einem umfassenden Problem politischer Praxis. Städte und Regionen machten dabei unterschiedliche Erfahrungen: Manche Konzepte scheiterten, andernorts werden die ehemaligen Militärflächen, beispielsweise durch Gewerbe oder Wohnansiedlungen, effektiv genutzt. Nur wenn für die Flächen von Anfang an ein gut durchdachtes Konzept erarbeitet wird, eröffnen sich Chancen, den Konversionsprozess positiv umzusetzen.

Die Stadt Wetzlar beispielsweise hat positive Erfahrungen bei der Umwandlung ehemaliger militärischer Flächen gemacht.

Nach Freigabe der Sixt-von-Armin- und der Spilburg-Kaserne sowie zwei weiterer Übungsplätze der Bundeswehr ließ die Stadt Wetzlar im ersten Schritt Rahmenpläne erstellen. Auf dieser Grundlage wurden später Bebauungspläne entwickelt. Zusätzlich bildete die Stadt einen Arbeitskreis Konversion und gründete eine Stadtentwicklungsgesellschaft mbH Wetzlar. Im Gegensatz zu den anfänglichen Erwartungen der Stadt ließen sich die bestehenden Infrastrukturen der Kasernen nicht auf private Nutzungen übertragen. Daraufhin wurde eine Neuerschließung geplant.

Mittlerweile sind fast alle diese Grundstücke bis auf eine Wohnsiedlung, bestehend aus 72 Wohnungen, vermarktet. Derzeitige Verkaufsverhandlungen zwischen der Stadt und der BIMA stocken (vgl. Wetzlarer Neue Zeitung, 30.08.2007, S.17).

Die Stadt Gießen ist ebenfalls vom Abzug des Militärs und dadurch freiwerdenden Liegenschaften, die jetzt einer Nachfolgenutzung zugeführt werden sollen, betroffen. Gießen war schon in der ersten Konversionsperiode zu Beginn der 1990er Jahre betroffen. Auf der Grundlage eines Gutachtens des Unternehmens „prognos" aus dem Jahre 1986 wurden 1990 erste Planungsvorhaben der Stadt in den Vorentwurf des Flächennutzungsplans eingebracht. Des Weiteren hatte das Land ein Gutachten an die HLT (Hessische Landestreuhandgesellschaft), heute die Hessen Agentur, in Auftrag gegeben, in dem Flächeneignungen, wie Wohnbauflächen oder Gewerbeflächen, für die einzelnen Flächen festgelegt wurden. Auch in der jetzigen Konversionsperiode wurde so vorgegangen. Die Stadt Gießen hat im Jahre 2003 selbst Steckbriefe für jede einzelne Fläche angefertigt. Darauf aufbauend wurde 2004 ein „Nachfolgenut-zungskonzept der bestehenden militärischen Flächen in der Stadt Gießen" erstellt. Im Rahmen dieses Konzeptes wurde auch eine Risikoanalyse gemacht und aufgezeigt, was passieren könnte, wenn die Kommune keine Nachfolgenutzungen planen würde. Beispielsweise könnte nur ein Filetstück einer großen Fläche verkauft werden und der Rest bleibt brach liegen und wird nicht mehr vermarktet. Des Weiteren könnte eine einzelne vorhandene Nutzung andere Nutzungen verhindern (Bsp.: Die Errichtung eines Kraftwerkes verhindert die Wohnnutzung). Daraus ergab sich für die Kommune die Aufgabe, Bebauungspläne für jede Fläche einzuleiten. Damit besteht die Möglichkeit, eine Veränderungssperre nach § 14 BauGB und ein Zurückstel-len von Baugesuchen nach § 15 BauGB vorzunehmen, um Planungssicherheit zu finden.

Bisher hat die Stadt positive Erfahrungen im Konversionsprozess gesammelt, allerdings kann es auch immer wieder zu Komplikationen kommen. Es können größere Zeitverzüge in der Planung entstehen, da die Daten der amerikanischen Liegenschaftsverwaltung an die BIMA gegeben werden und es lange dauern kann, bis die Kommune sie erhält. Des Weiteren ist es oft schwer, auf die amerikanischen Flächen zu gelangen, was ebenfalls zum Zeitverzug in der Planung führen kann.

Ein weiteres Interview wurde mit dem stellvertretenden Leiter des Geschäftsbereiches Standortpolitik der IHK Gießen-Friedberg geführt. Zunächst erläutert er die ersten Vorgehens-schritte vor Ort. Im Jahre 2003 wurde ein erstes Treffen organisiert, bei dem die Regierungsprä-sidenten von Gießen und Darmstadt, die Abteilung Standortpolitik der IHK Gießen-Friedberg und der Präsident der IHK teilgenommen haben, um den dortigen Stand und die Vorgehenswei-sen der einzelnen Städte Gießen, Bad Nauheim, Friedberg und Butzbach zu besprechen. Die Städte Butzbach und Friedberg haben zu diesem Zeitpunkt bereits schon Konversionsausschüs-se gegründet. Des Weiteren wurde festgelegt, dass es bei der Konversion besonders auf die interkommunale Zusammenarbeit ankommt und ein frühzeitiger Beginn wichtig ist. Außerdem wurde vereinbart, dass sich erneut getroffen werden sollte, diesmal in größerem Rahmen, mit der Einladung aller Bürgermeister der betroffenen Kommunen, um das Vorgehen schon etwas detaillierter zu besprechen. Die IHK sieht sich bei diesen Treffen in der Rolle des Mediators und versucht alle wichtigen beteiligten Akteure an einen Tisch zu bekommen.

Der Abteilungsleiter des Bereichs Stadterneuerung, Stadtplanung und Bauaufsicht der Stadt Kassel, schildert in einem Interview die Vorgehensweise der Stadt Kassel, wo der Konversi-onsprozess bereits im Jahre 1992 begonnen hat. Zunächst stellte die Stadt einen Masterplan auf, der u. a. ein städtebauliches Konzept enthielt, aber auch schon die Bürgerbeteiligung und Nutzungskoordinierung regelte. Besonders die Nutzungskoordinierung wurde in Kassel von Beginn an aktiv betrieben. Bereits in der Planungsphase wurde geschaut, ob es mögliche Investoren gibt. Des Weiteren wurde der Kostenaspekt einbezogen und eine Kalkulation für das anstehende Projekt durchgeführt. Ferner wurde die zeitliche Realisierbarkeit des Projektes berücksichtigt und ebenfalls mit in den Masterplan aufgenommen.

Auf der Basis dieses Masterplans hat die Stadt Kassel weitere Planungsschritte durch einen städtebaulichen Vertrag geregelt. Dort wurden alle wichtigen Aspekte zwischen den beteiligten Vertragspartnern (Stadt, Bund und die für den Konversionsprozess gegründete Arbeitsgemeinschaft) detailliert geregelt. Die Bundesanstalt für Immobilienaufgaben ist für den Verkauf der einzelnen Grundstücke zuständig, wofür das Einvernehmen der Stadt erforderlich ist. Die Stadt hat als Erschließungsträger die Aufgabe, entsprechende Infrastruktur zu schaffen und die gegründete Arbeitsgemeinschaft übernimmt die Projektsteuerung und regelt beispielsweise die Kontoführung oder die Bauaufsicht. Von dem Verkaufserlös der Grundstücke gehen etwa 70% auf ein Treuhandkonto der Stadt Kassel. Diese Gelder werden dann von der Stadt für Infrastrukturmaßnahmen verwendet. Die Stadt Kassel hat alle vier Konversionsprojekte durch städtebauliche Verträge geregelt und überträgt heute dieses Prinzip auf weitere Bauprojekte mit anderen Vertragspartnern.

2.7 Planerische Phasen des Konversionsablaufs

Danielzyk et al. beschreiben in ihrem Forschungsprojekt des Instituts für Regionalforschung (IfR), Göttingen, und des Forschungsinstituts Region und Umwelt an der Universität Oldenburg (FORUM), den Ablauf der Konversion in drei aufeinander folgenden Phasen: Die Orientierungsphase, die Konzeptionierungsphase und die Realisierungsphase. Hierbei muss aber berücksichtigt werden, dass in der Realität die Phasen nicht so klar und kategorisch abzugrenzen sind wie im Folgenden dargestellt. Oft überschneiden sich die einzelnen Phasen zeitlich. Außerdem muss beachten werden, dass die Phasen, abhängig vom Standort, unterschiedlich lange dauern können (vgl. Danielzyk et al., 1996, S. 110ff)

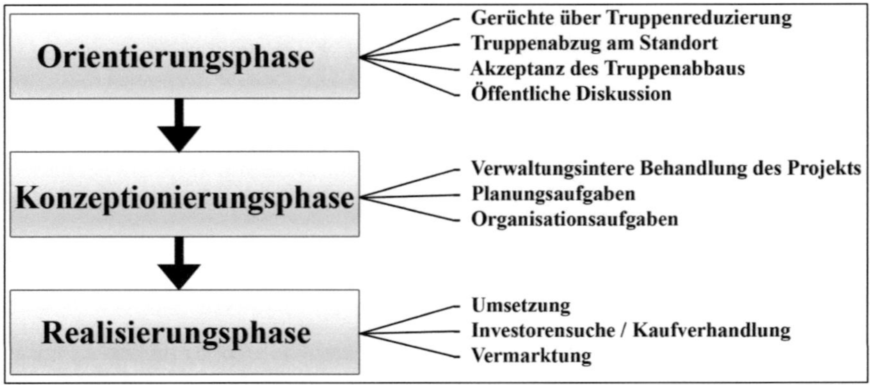

Abbildung 2-2: Phasen der Konversion
Quelle: Eigene Darstellung, nach Vorlage von Danielzyk et al, 1996

Die erste Phase wird als *Orientierungsphase* bezeichnet. Sie beginnt mit der Ankündigung der Truppenreduzierung bzw. den ersten Gerüchten, dass die Truppen abziehen wollen und endet mit der Akzeptanz des Truppenabbaus. Erste Überlegungen über weitere Vorgehensweisen und die Bewältigung der bevorstehenden Aufgaben werden gemacht. In dieser Phase entsteht eine starke öffentliche Diskussion, an der wichtige lokale Politiker, Politiker des Landes und des Bundes, die Verwaltung, Vertreter des örtlichen Militärs sowie Träger öffentlicher Belange wie beispielsweise Wirtschaftsförderer, Kammern und Verbände beteiligt sind. Es werden u. a. öffentliche Veranstaltungen organisiert oder Diskussionen an Runden Tischen durchgeführt und dabei erste Ideen und denkbare Nachfolgenutzungen besprochen. Die Presse berichtet in dieser Phase oft und ausführlich über die Thematik und neu gewonnene Erkenntnisse.

In der darauf folgenden Phase, der *Konzeptionierungsphase*, wird das Thema der Konversion überwiegend verwaltungsintern behandelt. Die Stadtplanung und Wirtschaftsförderung bereiten die Projektsteuerung vor. Im Vordergrund stehen die Einarbeitung in planungsrechtliche Fragen, Entwicklungen von Planungsideen, die Heranziehung von Beratern sowie die Organisation der Ämter, die mit der Aufgabe betreut sind. Am Ende dieser Phase sind ein Konzept für die Nachfolgenutzung entworfen sowie Planungsleitlinien entwickelt worden. Diese Phase kann sehr lange dauern, da es durch etliche Verhandlungen oder bürokratische Prozesse zu Verzögerungen kommen kann.

In der anschließenden *Realisierungsphase* wird das entwickelte Konversionskonzept umgesetzt und die entwickelte Nachfolgenutzung konkretisiert. Es werden Kaufverhandlungen geführt, Investoren gesucht, die planungsrechtlichen Voraussetzungen geschaffen sowie die Vermarktung organisiert. In dieser Phase sind eine große Anzahl von Akteuren sowie die Öffentlichkeit beteiligt.

Der Prozess der Umwandlung von militärischen in zivile Flächen kann bis zu zehn Jahren dauern, so berichteten zwei Mitarbeiter der „Nassauischen Heimstätte" beim zweiten Treffen des Arbeitskreises Konversion in Gelnhausen (vgl. Gelnhäuser Tagesblatt, 03.11.2007). Die Unternehmensgruppe hat u. a. schon bei den Konversionsprozessen in Gießen, Eschborn und Frankfurt mitgearbeitet und betreut derzeit ein Konversionsprojekt in der Stadt Butzbach, wo etwa mit acht bis zehn Jahren für die komplette Umwandlung der Gebäude in eine zivile Nutzung zu rechnen ist.

2.8 Beteiligte Akteure am Konversionsprozess

Im Konversionsprozess werden Ideen benötigt. Um die unterschiedlichsten Instanzen wirkungsvoll zu nutzen, sollte die Konversionsaufgabe am besten im Zusammenspiel aller Akteure bewältigt werden. Die Hauptakteure sind dabei der Bund, das jeweilige Land und die Kommune.

Der *Bund*, vertreten durch die Bundesanstalt für Immobilienaufgaben (BIMA), ist Eigentümer der Liegenschaft. Seine Interessen liegen in erster Linie in der schnellen attraktiven Verwertung und Vermarktung der Fläche.

Ein weiterer Hauptakteur ist das *Land*, welches die Aufgaben der Beratung und Information der Kommunen sowie die Finanzierung und Förderung von notwendigen Untersuchungen und Konzepten hat (vgl. Industrie- und Handelskammer Hanau-Gelnhausen-Schlüchtern, 2007, S. 22).

Die Wirtschaftsförderung des Landes Hessen, *Hessen Agentur GmbH*[3], unterstützt im Auftrag des Landes die aktuell von Konversion betroffenen hessischen Kommunen, u. a. Hanau, Friedberg, Butzbach, Bad Nauheim, Gießen und Wetzlar, bei der Erarbeitung von Konzepten und Strategien für eine ausgewogene Entwicklung und eine nachhaltige Qualität der Projekte. Dabei bildet sie die Schnittstelle zwischen dem Bund, regionalen Institutionen, Investoren und den Kommunen (vgl. Hessen Agentur GmbH, 2007).

---

[3] Hessen Agentur GmbH: wurde Anfang 2005 gegründet und ging aus vier Gesellschaften hervor: Der Forschungs- und Entwicklungsgesellschaft Hessen mbH (FEH), der TechnologieStiftung Hessen GmbH (TSH), dem Hessen Touristik Service e.V. (HTS) und den Beratungsdiensten der InvestitionsBank Hessen AG (IBH) (vgl. Hessen Agentur GmbH, 2007)

Die *Kommune* als weiterer Hauptakteur formuliert und gestaltet im Rahmen ihrer Planungshoheit nach Art. 28 Abs. 2 GG Ziele der Stadtentwicklung mit Hilfe von verschiedenen Planungsinstrumenten, die in Kapitel 4 genauer beschrieben werden.

Weitere beteiligte Akteure sind das Regierungspräsidium, Gutachter, diverse Planungsbüros, Investoren, die Banken, die Industrie- und Handelskammer sowie ausführende Firmen.

2.9 Verwertungsmodelle

Bei der Vermarktung und Entwicklung von Konversionsflächen können verschiedene Modelle angewendet werden. Der Bund kann weiterhin Eigentümer der Fläche bleiben und vermarktet sie gemeinsam mit der Kommune. Dieses Modell wird in vielen Fällen über städtebauliche Verträge oder sonstige vertragliche Vereinbarungen geregelt. Aufgrund aufwendiger Vereinbarungen zwischen den Vertragspartnern kommt es aber selten zur Verwirklichung dieses Modells (vgl. Nassauische Heimstätten, 2007).

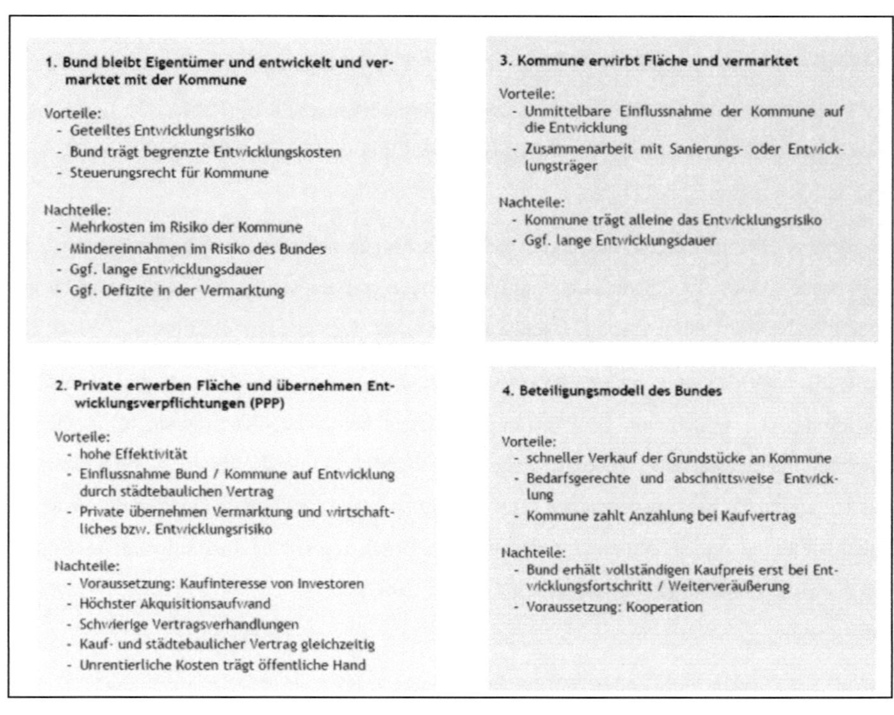

Abbildung 2-3: Verwertungsmodelle
Quelle: Nassauische Heimstätten, 2007

Ein anderes Modell stellt den Erwerb der Fläche und die Übernahme der Entwicklungsverpflichtungen durch Private dar. Private übernehmen dabei die Vermarktung und das wirtschaftliche Entwicklungsrisiko, die Kommune kann beispielsweise durch den Abschluss eines städtebaulichen Vertrags Einfluss auf die Entwicklung nehmen. Dies Modell wird als „Public-Private-Partnership" (PPP), also eine öffentlich-private Partnerschaft, bezeichnet und besitzt hohe Effektivität. Voraussetzung für dessen Anwendung ist jedoch, dass Kaufinteresse eines Investors überhaupt vorliegt (vgl. Jacob, 2006, S. 17ff).

Ein drittes Modell beschreibt den Erwerb und die Vermarktung der Fläche durch die Kommune selbst. Dieses Modell ist bei Flächen mittlerer Größe und guter Entwicklungsmöglichkeit möglich, wenn die Kommune wagt, das Entwicklungsrisiko zu übernehmen und die Grundstückspreise für sie vertretbar sind (vgl. Nassauische Heimstätten, 2007).

Ein weiteres Modell ist das Beteiligungsmodell des Bundes, welches auf Grundsätzen des Bundesministeriums der Finanzen zur Anwendung eines seit 1997 eingeführten Haushaltsvermerks basiert. Dieses Modell ermöglicht einen schnellen Verkauf der Flächen an die Kommune, die jedoch nur eine Anzahlung des Kaufpreises tätigt und den restlichen Betrag erst bei der Weiterveräußerung an den Bund zahlt. Dieses Modell kommt aber selten zur Anwendung (vgl. Hessisches Ministerium für Wirtschaft, Verkehr und Landesentwicklung, Fachkommission Städtebau der ARGEBAU, 2002, S. 20).

2.10 Zusammenfassung

Die Militärische Konversion wird in der Stadtentwicklung als Umwidmung ehemals militärischer Ressourcen für zivile Zwecke verstanden. Dabei wird ein besonderes Augenmerk auf Nachhaltigkeit gelegt: Die Lebensqualität vor Ort soll verbessert werden und zur Bedürfnisbefriedigung der Bevölkerung beitragen, ohne dabei die Bedürfnisse der Personen in anderen Regionen einzuschränken.

Militärische Liegenschaften werden in verschiedene Typen eingeteilt, darunter der Typ der Kaserne. Sie besteht aus unterschiedlichsten Gebäudetypen wie z. B. Unterkunftsgebäuden, Gemeinschaftsräumen, Werkstätten, Lager oder Tankstellen.

Eine Kaserne bzw. die Ansiedlung militärischer Truppen kann für die betroffene Region unterschiedliche Auswirkungen haben und beeinflusst die Umgebung in sozialen, wirtschaftlichen, ökologischen und siedlungsstrukturellen Gebieten.

Das 20. Jahrhundert wird in drei Rüstungszyklen eingeteilt. Der erste Zyklus beschreibt den Zeitraum von 1900 bis 1933 mit der Hochrüstung im Ersten Weltkrieg, der zweite den Zeitraum von 1933 bis nach dem Zweiten Weltkrieg und der dritte Zyklus zwischen 1955 und 1991 mit der Kulmination im Kalten Krieg. Jeder Rüstungszyklus hat dabei vier Phasen: Aufrüstung, Hochrüstung (Kulmination), Abrüstung und Tiefstand.

Die Konversion von Militärflächen ist keine neue Entwicklung, jedoch besaß sie noch nie zuvor solche Bedeutung und nahm solche Ausmaße an wie derzeit.

Viele hessische Städte wie Wetzlar, Gießen, Butzbach, Friedberg, Kassel oder Hanau sind von der Konversion betroffen und haben unterschiedlichste Erfahrungen gemacht und Umsetzungsstrategien angewendet, die von der Erarbeitung eines Rahmenplans bis hin zur Regelung des gesamten Konversionsprozesses über städtebauliche Verträge gehen.

Der Konversionsablauf wird dabei in drei Phasen unterteilt:

- Orientierungsphase (Truppenabzug am Standort, erste öffentliche Diskussion)

- Konzeptionierungsphase (verwaltungsinterne Behandlung des Projekts)

- Realisierungsphase (Umsetzung, Vermarktung)

Innerhalb der Konzeptionierungsphase kommt es auch zur Auswahl eines der folgenden Verwertungsmodelle:

- Bund bleibt Eigentümer und entwickelt und vermarktet mit Kommune

- Private übernehmen Fläche und übernehmen Entwicklung (PPP)

- Kommune erwirbt Fläche und vermarktet

- Beteiligungsmodell des Bundes

3 Rechtliche Aspekte des Konversionsprozesses

In diesem Kapitel werden die rechtlichen Aspekte bei Konversionsprozessen erläutert. Zunächst wird das Planungsrecht einer Kommune und der Status von Militärflächen in der Flächenplanung erörtert. Im Anschluss werden bauplanungsrechtliche Charakteristika von Konversionsflächen beschrieben, das Freigabeverfahren von Militärflächen erklärt sowie auf die Wertermittlung und Preisfindung eingegangen. Zudem werden die Begriffe Zwischennutzungen, Altlasten und Denkmalschutz definiert.

3.1 Planungshoheit der Gemeinde

Für die Zeit der militärischen Nutzung einer bestimmten Liegenschaft wird der Kommune ihr Planungsrecht, welches sie nach Art. 28 Abs. 2 GG hat, entzogen und die Liegenschaft unterliegt so lange dem Fachplanungsrecht des Bundes nach § 37 Abs. 2 BauGB. Bei Aufgabe der militärischen Flächennutzung wird die kommunale Planungshoheit wieder hergestellt und die Sonderwidmung der militärischen Fläche aufgehoben.

Wenn die Gemeinden frühzeitig über den Abzug des Militärs informiert werden, können sie im Vorfeld schon informelle Planungen wie die Erstellung eines Rahmenplans oder Nutzungskonzepte durchführen oder im besten Fall auch schon mit der gemeindlichen Bauleitplanung beginnen. Allerdings ist ein Satzungsbeschluss erst nach Aufgabe der militärischen Nutzung möglich (vgl. Winkler, 1992, S. 383).

3.2 Status der Militärflächen in der Flächenplanung

Militärflächen stellen in den meisten Fällen eine „terra incognita" (Winkler, 1992, S. 375) dar, die einer militärisch notwendigen Geheimhaltung spezieller Nutzungen und Anlagen dienen soll. Sie unterliegen besonderen planerischen Bedingungen, sind als „Sonderfläche Militär" im Flächennutzungsplan ausgewiesen, frei von den Regelungen im Baugesetzbuch und wurden daher weitgehend aus den räumlichen Entwicklungskonzepten der Städte ausgeblendet.

Werden diese Flächen von den Streitkräften irgendwann freigegeben, wird der Flächennutzungsplan entsprechend geändert. Des Weiteren ist die Notwendigkeit städtebaulicher Planungen nach § 1 Abs. 3 BauGB begründet (vgl. Bundesministerium der Justiz, 2007a).

3.3 Bauplanungsrechtliche Charakteristika von Konversionsflächen

Die bauplanungsrechtliche Beurteilung vormals genutzter Militärflächen ist ein entscheidendes Kriterium für eine zivile Folgenutzung. In den meisten Fällen kann davon ausgegangen werden, dass für diese Flächen kein qualifizierter oder vorhabenbezogener Bebauungsplan vorliegt und somit eine Beurteilung nach § 30 BauGB nicht in Frage kommt. Ebenso selten dürfte der Fall nach § 33 BauGB eintreten, der die Zulässigkeit von Vorhaben während der Planaufstellung regelt. Die Bauleitplanung kann zwar schon begonnen haben, jedoch dürfte selten schon der Zustand der Planreife erreicht sein. Somit muss weiter geprüft werden, ob die fragliche Fläche im (unbeplanten) Innenbereich nach § 34 BauGB oder im baulichen Außenbereich nach § 35 BauGB liegt (Bundesministerium der Justiz, 2007a) (siehe G3 im Anhang).

3.3.1 Unbeplante Konversionsflächen in zusammenhängend bebauten Ortsteilen

Die Konversionsfläche muss gewissen Voraussetzungen unterliegen, damit sie dem § 34 BauGB zugeordnet werden kann. Zunächst muss das entsprechende Gebiet oder Grundstück in einem Bebauungszusammenhang liegen. Dies liegt vor, wenn eine aufeinander folgende zusammenhängende Bebauung vorliegt und der Eindruck der Geschlossenheit vermittelt wird. Des Weiteren muss die Konversionsfläche einem *Ortsteil*[4] angehören.

Wenig problematisch sind in diesem Zusammenhang die Wohnanlagen der militärischen Angehörigen („Housing Areas"), da sie wie zivile Wohnanlagen behandelt werden können (vgl. Stemmler, 2006, S. 121). Eine weitere Gruppe bilden militärische Flächen und Anlagen, die aufgrund ihrer Größe als Baulücken anzusehen sind und durch ihre Umgebung deutlich geprägt werden. Hierunter fallen beispielsweise kleinere Kasernen, die in einem zivilen Wohngebiet liegen (vgl. Wüstenrot, 1994, S. 20). § 34 Abs. 2 und 3 BauGB lässt sogar Abweichungen zu den nachbarlichen Nutzungsprägungen zu. Die schwierigste Gruppe bilden Militärflächen, die aufgrund ihrer Lage und immensen Größe oft nicht mehr durch die Umgebung geprägt werden und einen eigenen Komplex darstellen. Zu dieser Gruppe gehören Kasernen, Übungsplätze, Panzergaragen und große Werkstätten. Fraglich ist dann, ob sie den Anforderungen eines eigenen Ortsteils entsprechen. Quantitativ werden die Voraussetzungen

---

[4] Definition Ortsteil: „Ein Ortsteil ist jeder Bebauungskomplex im Gebiet einer Gemeinde, der nach der Zahl der vorhandenen Bauten ein gewisses Gewicht besitzt und Ausdruck einer organischen Siedlungsstruktur ist" (Schäfer, 1994, S. 19).

sicher erfüllt, bedenklich ist jedoch, ob eine Kaserne auch Ausdruck einer organischen Siedlungsstruktur darstellt. Dies muss individuell für jeden einzelnen Fall entschieden werden. In den meisten Fällen können sie aber nicht dem § 34 BauGB zugeordnet werden und es bedarf Planungserfordernis (vgl. Wüstenrot, 1994, S. 20).

3.3.2 Bebauung im Außenbereich

Der Außenbereich nach § 35 BauGB ist grundsätzlich von Bebauungen freizuhalten, da der Naturhaushalt geschont werden soll und das Landschaftsbild zum Zwecke der Erholung erhalten bleiben soll. Im Einzelfall sind Vorhaben aber zulässig (vgl. Bundesministerium der Justiz, 2007a).

Privilegierte Vorhaben im Sinne des § 35 Abs. 1 BauGB sind zulässig, wenn öffentliche Belange nach § 35 Abs. 3 BauGB nicht entgegenstehen und die ausreichende Erschließung gesichert ist. Privilegierte Vorhaben werden sich nur in wenigen Fällen auf Konversionsflächen finden. Sonstige Vorhaben nach § 35 Abs. 2 BauGB können nur im Einzelfall zugelassen werden, wenn ihre Ausführung oder Benutzung öffentliche Belange nicht beeinträchtigt und die Erschließung gesichert ist. Daher dürfte ihre Zulassung noch seltener eintreten (vgl. Bundesministerium der Justiz, 2007a).

Die begünstigten Vorhaben des § 35 Abs. 4 BauGB haben den Rechtsgedanken des Bestandschutzes als Grundlage. Daher kommen nur Nutzungsänderungen, Neuerrichtungen gleichartiger Gebäude an gleicher Stelle oder Erweiterungen bestehender Gebäude in Betracht. Allenfalls § 35 Abs. 4 Nr. 4 BauGB kann für militärische Anlagen in Betracht kommen, wenn diese unter Denkmalschutz stehen. Eine Nutzungsänderung solcher Gebäude muss in jedem Fall zweckmäßig sein und der Erhaltung des zu schützenden Gebäudes dienen (vgl. Bundesministerium der Justiz, 2007a).

3.4 Freigabeverfahren alliierter Liegenschaften

Nach der Ankündigung über die Rückgabe der alliierten Liegenschaften folgt eine Freigabeerklärung der Streitkräfte gegenüber dem Bundesministerium der Verteidigung. Bevor das Überlassungsverhältnis beendet wird und die Liegenschaft an die Bundesvermögensverwaltung zurückgeht, werden der Zustand der Fläche sowie eventuell vorhandene Schäden bestimmt. Anschließend wird überprüft, ob militärischer Anschlussbedarf für die Flächen besteht. Ist dies nicht der Fall, gehen die Flächen und Liegenschaften in das Grundvermögen des Bundes zurück. Die Bundesvermögensverwaltung prüft dann zunächst, ob Rückerwerbsansprüche früherer Eigentümer bestehen. Wenn dies der Fall ist, gehen die Flächen zurück zum früheren Eigentümer, ist dies nicht der Fall, wird ein ziviler Anschlussbedarf des Bundes geprüft. Besteht kein Bedarf des Bundes, wird in gleicher Art ein Landesbedarf ermittelt. Wenn auch das Land kein Interesse an den Flächen hat, kann die Kommune vor Ort ihr Interesse an eventuellen Flächen kundtun (vgl. Danielzyk et al., 1996, S. 71).

Wenn alle öffentlichen Instanzen kein Interesse an den Flächen zeigen, werden die Flächen an Private verpachtet oder sogar verkauft (vgl. Wiegandt, 1992, S. 394). Der Preis der Fläche richtet sich nach dem so genannten Verkehrswert, dessen Berechnung in einzelnen Fällen sehr kompliziert sein kann. Bei einer Nutzung der Liegenschaften für soziale Zwecke kann der Verkehrswert bis zur Hälfte ermäßigt werden (vgl. Witzmann, 1994, S. 284). Im Abschnitt 3.6 wird das Verfahren der Wertermittlung genauer beschrieben.

Bei dieser Vorgehensweise wird häufig nicht beachtet, dass ausschließlich die Kommune im Rahmen ihrer Planungshoheit darüber entscheidet, wann und wie die freiwerdende Fläche in Zukunft genutzt werden soll. Die Kommune leitet das Verfahren, muss dabei aber die Vorstellungen des Eigentümers und des zukünftigen Nutzers beachten und abwägen. Häufig kommt es dabei vor, dass der Bund eine schnelle Veräußerung der freiwerdenden Fläche anstrebt, wohingegen die planende Kommune andere Interessen beabsichtigt.

Daher ist es von Vorteil, zu Beginn zu prüfen, ob überhaupt Bedarf für eine Folgenutzung der Fläche besteht. Die Erstellung einer Machbarkeitsstudie und städtebaulicher Konzepte kann dabei eine große Hilfe sein. Des Weiteren sollte die Kommune prüfen, ob eine sofortige Folgenutzung überhaupt sinnvoll für die kommunale Entwicklung ist. Oft kann erst nach Jahren ein vernünftiges Konzept für eine Nachfolgenutzung entwickelt werden. Auch bei einem Überangebot am Flächenmarkt oder starken Konkurrenzflächen ist es meist sinnvoller, mit der Planung noch einige Jahre zu warten (vgl. Hessisches Ministerium für Wirtschaft, Verkehr und Landesentwicklung, Fachkommission Städtebau der ARGEBAU, 2002, S. 6f.).

3.5　Zwischennutzungen

Eine Zwischennutzung des Plangebiets könnte dann ins Auge gefasst werden, wenn es nicht möglich ist, in kurzer Zeit eine Folgenutzung für die Fläche zu finden. Dabei sollten aber auch die Gefahren und Veränderungen, die mit einer Zwischennutzung verbunden sind, nicht außer Acht gelassen werden. Unbefristete Zwischennutzungen größeren Umfangs können die

Fläche planungsrechtlich nachhaltig prägen. Dies kann Auswirkungen auf den Verkehrswert im Sinne des § 194 BauGB (vgl. Bundesministerium der Justiz, 2007a) haben. Des Weiteren sollte die Realisierung des Gesamtkonzepts der Kommune immer gewährleistet und durch Zwischennutzungen nicht gefährdet werden. Auf der anderen Seite kann die Zwischennutzung von Flächen oder Gebäuden aber auch positive Gesichtspunkte mit sich bringen. Die Zwischennutzung kann zur Erhaltung der Gebäudesubstanz beitragen und ferner Einnahmen erzielen (vgl. Hessisches Ministerium für Wirtschaft, Verkehr und Landesentwicklung, Fachkommission Städtebau der ARGEBAU, 2002, S. 15f.).

Bei den immer schwieriger werdenden Märkten oder bei nur langfristig erreichbarer Vermarktung der Fläche wird es in der heutigen Zeit mehr und mehr darauf ankommen, Konzepte für Zwischennutzungen zu entwickeln oder zumindest für Teilflächen Folgenutzungen zu realisieren, auch wenn sich dadurch eventuell Schwierigkeiten für die langfristige Planung ergeben können (vgl. Heyer, 2006, S. 36).

3.6 Wertermittlung und Preisfindung

Bundeseigene Grundstücke dürfen nach § 63 Abs. 3 Satz 1 BHO (vgl. Bundesministerium der Justiz, 2007b) grundsätzlich nur zum vollen Verkehrswert veräußert werden. Dieser wird durch öffentliche Ausschreibungen des Bundes ermittelt, wenn sich der Bund und die planende Kommune einig über die zukünftige Nutzung sind. Bei der Wertermittlung von Konversionsflächen wird zum einen der Grund und Boden bewertet, zum anderen die baulichen Anlagen (vgl. Wüstenrot Stiftung Deutscher Eigenheimverein e.V., 1994, S. 40).

Der Wert des Grund und Bodens wird in zwei Schritten festgestellt. Zunächst wird der Zustand des Grundstücks gemäß § 3 Abs. 2 WertV (vgl. Bundesministerium der Justiz, 2007c) durch Kriterien wie den Entwicklungszustand der Fläche (§ 4 WertV), die Lage im Stadtgebiet, die Beschaffenheit, die Umweltverhältnisse sowie die Verkehrsverhältnisse bestimmt. Des Weiteren wird der Verkehrswert des Grundstücks zum Wertermittlungsstichtag gemäß § 3 Abs. 3 WertV (Bundesministerium der Justiz, 2007c), unter Berücksichtigung verschiedener Faktoren wie der Wirtschaftssituation, des Kapitalmarktes oder der Entwicklungen am Ort, ermittelt. Bei bebauten Grundstücken kommt noch der Wert der Gebäude und der Außenanlagen hinzu, der mit dem Ertragswertverfahren gemäß den § 15 bis § 19 WertV und gegebenenfalls mit dem Sachwertverfahren gemäß den § 21 bis § 25 WertV ermittelt wird (vgl. Wüstenrot Stiftung Deutscher Eigenheimverein e.V., 1994, S. 44). Das Ertragswertverfahren nimmt für die Wertfindung die zu erwartenden Erträge und die Bewirtschaftungskosten als Grundlage und kommt bei Immobilien wie Mehrfamilienhäusern, Büro- und Geschäftshäusern, Einkaufszentren und gemischt genutzten Grundstücken in Betracht.

Bei bestimmten Anschlussnutzungen gewährt der Bund beim Erwerb der Liegenschaft Verbilligungen bis zu 50% vom Verkehrswert. Diese Preisnachlässe beziehen sich vor allem auf die Nutzung der Liegenschaft für soziale Zwecke, für sozialen Wohnungsbau und Studentenwohnungen sowie auf den Erwerb der Flächen für Hochschul- oder Sportzwecke. Bei Wasser- und Kläranlagen wird das Grundstück unentgeltlich abgegeben, bei Liegenschaften zur Schaffung von Abfallbeseitigungs- und Abwasseranlagen werden bis zu 30% des Preises abgeschlagen (vgl. Danielzyk et al., 1996, S. 72).

3.7 Altlasten

Der Begriff *Altlasten*[5] wird in § 2 Abs. 5 BBodSchG definiert. Im militärischen Bereich wird dabei zwischen Rüstungsaltlasten (u. a. ehemalige Produktionsstätten, Munitionslager oder Spreng- und Schießplätze) und normalen Altlasten (Tanklager, Flugplätze) unterschieden (vgl. Simon, 2007, S. 12).

Bei der Freigabe von Flächen alliierter Streitkräfte muss der Zustand „dieser Liegenschaften mindestens den Anforderungen des deutschen Umweltrechts entsprechen", so Artikel 53 Abs. 1 Satz 2 des Zusatzabkommens zum NATO-Truppenstatut (Wiegandt, 1992, S. 396). Des Weiteren besagt § 4 Abs. 3 bis 6 BBodSchG, dass der Verursacher einer schädlichen Bodenveränderung oder Altlast dazu verpflichtet ist, das Grundstück „so zu sanieren, dass dauerhaft keine Gefahren, erheblichen Nachteile oder erheblichen Belästigungen für den Einzelnen oder die Allgemeinheit entstehen" (Bundesministerium der Justiz, 2007d). Daher sind die verbündeten Streitkräfte für die Gefahrenbeseitigung selbst verantwortlich. Wenn die Flächen jedoch schon in das Grundvermögen des Bundes übergegangen sind, so ist das Bundesfinanzministerium für die Beseitigung der Gefahren zuständig (vgl. Wiegandt, 1992, S. 397). Erst nachdem

---

[5] Definition Altlasten: „Altlasten im Sinne dieses Gesetzes sind stillgelegte Abfallbeseitigungsanlagen sowie sonstige Grundstücke, auf denen Abfälle behandelt, gelagert oder abgelagert worden sind (Altablagerungen), und Grundstücke stillgelegter Anlagen und sonstige Grundstücke, auf denen mit umweltgefährdenden Stoffen umgegangen worden ist, ausgenommen Anlagen, deren Stilllegung einer Genehmigung nach dem Atomgesetz bedarf (Altstandorte), durch die schädliche Bodenveränderungen oder sonstige Gefahren für den einzelnen oder die Allgemeinheit hervorgerufen werden" (Bundesministerium der Justiz, 2007d).

die Flächen nicht mehr altlastenbehaftet sind, können sie veräußert werden. Nur in seltenen Fällen und bei geringer Verunreinigung wird die Fläche verkauft und der Erwerber trägt die Kosten für die Beseitigung der Altlasten selbst. Bei starken Verunreinigungen beteiligt sich eventuell auch der Bund bis zur Höhe des Kaufpreises an den Kosten (vgl. Sträter, 1992, S. 407). Diese Maßnahme kann in Ballungsräumen funktionieren, in peripheren und strukturschwachen Räumen werden Investoren jedoch selten verunreinigte Flächen kaufen und die damit verbundene Gefahr auf sich nehmen.

3.8 Denkmalschutz

Viele militärische Liegenschaften, besonders Kasernenanlagen, enthalten Gebäude, die verschiedene Herrschaftsformen widerspiegeln und wichtige Zeugnisse unserer Geschichte sind. Insofern besitzen sie eine hohe baulich-gestalterische Qualität und stehen unter Denkmalschutz (vgl. Rother/ Schwarte, 1997, S. 9).

Das Denkmalrecht ist Landesrecht und daher in jedem Bundesland anders geregelt. In Hessen ist ein Gebäude oder Gebäudeteil *Kulturdenkmal*[6] im Sinne des § 2 Abs. 1 Hessisches Denkmalschutzgesetz (HDSchG). Das Landesamt für Denkmalpflege in Wiesbaden ist Denkmalfachbehörde gemäß § 4 HDSchG und hauptsächlich mit der Inventarisation und Eigentümerberatung befasst. Der Magistrat der Stadt Hanau – und damit das Stadtplanungsamt – ist Denkmalschutzbehörde gem. § 3 HDSchG als allgemeine untere Verwaltungsbehörde und für die Anwendung des Denkmalschutzgesetzes fachlich und rechtlich in staatlichem Auftrag zuständig.

Bei der Planung einer Folgenutzung für solche Gebäude oder Gesamtanlagen kommt es meist zu Konflikten mit der Denkmalschutzbehörde (vgl. Sträter, 1992, S. 406), da eine zivile Nachnutzung oft nur mit größeren baulichen Veränderungen möglich ist. Müller schlägt aus diesem Grund die Aufstellung einer Erhaltungssatzung vor, die als „qualitäts- und werterhaltende Planungshilfe" (Müller, 2000, S. 99), besonders bei privaten Bauvorhaben, dienen kann.

---

[6] Definition Kulturdenkmal: „Sachen, Sachgesamtheiten oder Sachteile, an deren Erhaltung aus künstlerischen, wissenschaftlichen, technischen, geschichtlichen oder städtebaulichen Gründen ein öffentliches Interesse besteht. Kulturdenkmäler sind ferner Straßen-, Platz- und Ortsbilder einschließlich der mit ihnen verbundenen Pflanzen, Frei- und Wasserflächen, an deren Erhaltung insgesamt aus künstlerischen oder geschichtlichen Gründen ein öffentliches Interesse besteht (Gesamtanlagen). Nicht erforderlich ist, dass jeder einzelne Teil der Gesamtanlage ein Kulturdenkmal darstellt" (Baurecht.de, 2007).

3.9 Zusammenfassung

Der Kommune wird für die Zeit der militärischen Nutzung einer Liegenschaft ihre Planungshoheit entzogen und unterliegt bis zur Beendigung der militärischen Flächennutzung dem Fachplanungsrecht des Bundes.

Militärflächen stellen in den meisten Fällen eine „terra incognita" dar, um eine gewisse militärisch notwendige Geheimhaltung zu bewahren. Sie sind als „Sonderfläche Militär" im Flächennutzungsplan ausgewiesen und meist weitgehend aus den städtebaulichen Entwicklungen ausgeblendet.

In den meisten Fällen liegen die militärisch genutzten Flächen im (unbeplanten) Innenbereich oder im baulichen Außenbereich (nach § 34 und § 35 BauGB). Nur selten liegt ein qualifizierter oder vorhabenbezogener Bebauungsplan (nach § 30 BauGB) vor. Ebenso selten dürfte der Fall nach § 33 BauGB eintreten.

Nach der Ankündigung der Rückgabe der Liegenschaft erfolgt eine Freigabeerklärung der Streitkräfte. Die Liegenschaft geht dann an die Bundesvermögensverwaltung zurück, welche prüft, ob Rückwerbeansprüche früherer Eigentümer bestehen. Ist dies nicht der Fall, wird zunächst der Bedarf des Bundes geprüft. Besteht kein Bedarf, wird Landes- bzw. dann kommunaler Bedarf erfragt. Zeigt keiner Interesse an der Fläche, wird diese an Private verpachtet oder meist sogar verkauft. Ist es jedoch nicht möglich, in kurzer Zeit eine Folgenutzung für die Fläche zu finden, sollte über eine Zwischennutzung nachgedacht werden. Dabei sollte diese aber nicht die Realisierung des Gesamtkonzepts der Kommune gefährden.

Bundeseigene Grundstücke dürfen grundsätzlich nur zum vollen Verkehrswert veräußert werden. Bei der Wertermittlung von Konversionsflächen wird zum einen der Grund und Boden bewertet, zum anderen die baulichen Anlagen. Bei bestimmten Nachfolgenutzungen wie beispielsweise die Nutzung für soziale Zwecke, den sozialen Wohnungsbau oder bei Hochschulzwecken gewährt der Bund Verbilligungen bis zu 50% vom Verkehrswert.

Auf militärisch genutzten Flächen muss auch immer mit Altlasten gerechnet werden. Bei der Konversion im militärischen Bereich wird deshalb zwischen Rüstungs- und normalen Altlasten unterschieden.

Bei der Freigabe von Flächen alliierter Streitkräfte müssen der Zustand dieser Liegenschaften mindestens den Anforderungen des deutschen Umweltrechts entsprechen und entsprechend vorhandene Altlasten beseitigt werden.

Viele militärische Anlagen besitzen hohe baulich-gestalterische Qualität, sind wichtige Zeugnisse unserer Geschichte und stehen insofern oft unter Denkmalschutz. In Hessen ist ein Gebäude ein Kulturdenkmal nach § 2 Abs. 1 Hessisches Denkmalschutzgesetz.

4 Instrumente städtischen Flächenmanagements

„Kommunales Flächenmanagement ist die Strategie einer Kommune, mit Fläche und Boden effizient und wirtschaftlich umzugehen" (Landesanstalt für Umweltschutz Baden-Württemberg, 2003, S. 7).

Dabei werden verschiedene Handlungsfelder wie die Bauleitplanung, die Finanzierung, die Wirtschaftsförderung oder das Marketing miteinander verknüpft (vgl. Institut für Städtebau und Landesplanung Universität Karlsruhe, 2005). Ziele dieses Managements sind die Reduzierung des Flächenverbrauchs und der Schutz der Funktion des Bodens, denn trotz stagnierender Bevölkerungszahlen steigt die Flächeninanspruchnahme in Deutschland für Siedlungs- und Verkehrszwecke weiter, liegt derzeit bei nahezu 130 Hektar pro Tag und steht damit in krassem Widerspruch zum Leitbild der nachhaltigen Stadtentwicklung (vgl. Deutsches Institut für Urbanistik, 2004). Derzeit werden in vielen Städten deshalb schon erste Gegenmaßnahmen eingeleitet und *Flächen recycelt*[7].

Die verfügbaren Instrumente städtischen Flächenmanagements sind dabei sehr vielfältig. Die formellen Planungsinstrumente werden in einem formellen Verfahren, beispielsweise durch Satzungen, beschlossen und sind für jedermann verbindlich. Der Flächennutzungsplan stellt dabei eine Ausnahme dar. Er wird zwar zu den formellen Planungsinstrumenten gezählt, besitzt jedoch keine Wirkung für jedermann. Formelle Instrumente können nur angewendet werden, wenn die kommunale Planungshoheit gegeben ist. Dies ist grundsätzlich erst bei Militärflächen möglich, die schon entwidmet worden sind (vgl. Launhardt, 1998, S. 67).

Informelle Planungsinstrumente werden ohne ein formelles Verfahren gebraucht und haben keine unmittelbar rechtliche Wirkung für jedermann, sie haben lediglich eine behördeninterne Bindungswirkung. Aus diesem Grund können informelle Instrumente benutzt werden, ohne dass die Kommune Planungshoheit besitzt (vgl. Launhardt, 1998, S. 45). Besonders beim Freiwerden ehemaliger Militärflächen können die informellen Instrumente frühzeitig genutzt werden und der Vorbereitung der formellen Planung, wie z. B. dem Bebauungsplan, dienen. Diese Instrumente besitzen eine wesentlich höhere Flexibilität als die formellen Planungsinstrumente, wodurch schneller auf Veränderungen innerhalb des Konversionsprozesses reagiert werden kann.

---

[7] Begriff Flächenrecycling: „Flächenrecycling umschreibt alle Prozesse bei der Umwandlung eines verlassenen Standortes, der ehemals industriell, gewerblich oder in einer anderen Weise genutzt wurde, hin zu einer neuen Nutzungsform" (C.A.U. GmbH, Gesellschaft für Consulting und Analytik im Umweltbereich, 2007).

Bei der Umsetzung und Verwirklichung von Entwicklungskonzepten der Gemeinde spielt insbesondere der Kostenaspekt eine entscheidende Rolle. Daher ist bei der Wahl des Planungsinstrumentes auf die entstehenden Kosten zu achten und diese in die Abwägung mit einzubeziehen. Aus diesem Grund sollte vor der Wahl des Instrumentes eine Bestandsanalyse durchgeführt werden, um zu erwartende Kosten aufzuzeigen und eine Grundlage für die Beurteilung zu schaffen.

4.1 Formelle Planungsinstrumentarien

Im folgenden Abschnitt werden formelle Planungsinstrumentarien dargestellt.

4.1.1 (Regionaler) Flächennutzungsplan

Der Flächennutzungsplan (FNP) ist der vorbereitende Bauleitplan und gilt als grobes Planungsinstrument für das gesamte Gemeindegebiet. Er kann aber auch für einen Planungsverband wie z. B. im Rhein-Main-Gebiet und im Raum Stadt und Landkreis Kassel gelten. Hier wird dieser Plan Regionaler Flächennutzungsplan genannt (RegFNP) (vgl. Hessisches Ministerium für Wirtschaft, Verkehr und Landesentwicklung, 2001, S. 18). Der FNP ist nicht für jedermann verbindlich, sondern hat lediglich eine gemeindeinterne Bindungswirkung. Aufgrund des förmlichen Verfahrens wird er aber den formellen Planungsinstrumenten zugeordnet. In der Regel wird der Plan für einen Zeitraum von 10 bis 15 Jahren aufgestellt, „wenn es für die städtebauliche Entwicklung und Ordnung erforderlich ist" (§ 1 Abs. 3 Satz 1 BauGB) (Bundesministerium der Justiz, 2007a). In ihm werden die Grundzüge der „Art der Bodennutzung nach den voraussehbaren Bedürfnissen der Gemeinde" (§ 5 Abs. 1 BauGB) (Bundesministerium der Justiz, 2007a), ergänzt durch einen Erläuterungsbericht, dargestellt. In § 5 Abs. 2 BauGB wird der mögliche Inhalt eines Flächennutzungsplans genauer aufgeführt (vgl. Bundesministerium der Justiz, 2007a).

4.1.2 Bebauungsplan

Beim Instrument Bebauungsplan wird der klassische vom vorhabenbezogenen unterschieden.

4.1.2.1 Klassischer Bebauungsplan

Der Bebauungsplan (B-Plan) setzt als verbindlicher Bauleitplan die Nutzung und Bebauung einzelner Grundstücke rechtsverbindlich für jedermann in einer Satzung fest. Er wird jedoch, im Gegensatz zum Flächennutzungsplan, nur für einen kleinen räumlichen Ausschnitt der

Gemeinde aufgestellt. Ebenso wie bei der Aufstellung des Flächennutzungsplans sind die Grundsätze des § 1 BauGB (vgl. Bundesministerium der Justiz, 2007a) zu beachten. Der Bebauungsplan ist gemäß § 8 Abs. 2 BauGB (vgl. Bundesministerium der Justiz, 2007a) aus dem Flächennutzungsplan zu entwickeln. „Ein Flächennutzungsplan ist nicht erforderlich, wenn der Bebauungsplan ausreicht, um die städtebauliche Entwicklung zu ordnen" (§ 8 Abs. 2 Satz 2 BauGB) (Bundesministerium der Justiz, 2007a). Der mögliche Inhalt eines Bebauungsplans wird in § 9 BauGB (vgl. Bundesministerium der Justiz, 2007a) aufgeführt. Insgesamt besteht der Plan aus einer Planzeichnung und einer textlichen Ergänzung. Außerdem ist zu jedem B-Plan eine Begründung gemäß § 9 Abs. 8 BauGB (Bundesministerium der Justiz, 2007a) beizufügen, in der die Ziele, Zwecke und wesentlichen Auswirkungen der Planung erläutert werden (vgl. Hessisches Ministerium für Wirtschaft, Verkehr und Landesentwicklung, 2001, S. 20).

4.1.2.2 Vorhabenbezogener Bebauungsplan (Vorhaben- und Erschließungsplan)

Beim vorhabenbezogenen Bebauungsplan gemäß § 12 BauGB (vgl. Bundesministerium der Justiz, 2007a) besteht eine Zusammenarbeit der Gemeinde mit einem privaten Vorhabenträger. Detaillierte Dinge, wie beispielsweise die Übernahme der Planungs- und Erschließungskosten, werden in einem Durchführungsvertrag geregelt.

Diese Art von Plan hat einige Vorteile. Durch ihn können die planungsrechtlichen Grundlagen schneller und besser geschaffen und das Vorhaben in kürzerer Zeit durchgeführt werden (vgl. Launhardt, 1998, S. 73). Des Weiteren wird die Maßnahme ganz oder teilweise durch den Investor finanziert, was die kommunalen Haushalte entlastet. Ferner sind beim vorhabenbezogenen B-Plan andere Festsetzungen, als sie gemäß § 9 BauGB beim klassischen Bebauungsplan vorgesehen sind, gestattet (vgl. Hessisches Ministerium für Wirtschaft, Verkehr und Landesentwicklung, Fachkommission Städtebau der ARGEBAU, 2002, S. 17).

4.1.3 Der städtebauliche Vertrag

Der städtebauliche Vertrag nach § 11 BauGB (vgl. Bundesministerium der Justiz ,2007a) ist ein öffentlich-rechtlicher Vertrag (§ 54 – § 62 VwVfG), der ein formelles Planungsinstrument zwischen einem Privaten und der Kommune, ein „Public-Private-Partnership" (Hessisches Ministerium für Wirtschaft, Verkehr und Landesentwicklung, 2001, S. 39), darstellt. Mögliche Vertragsinhalte werden in § 11 Abs. 1 BauGB (vgl. Bundesministerium der Justiz, 2007a) genannt. Durch diesen Vertrag kann etwa die Vorbereitung oder Durchführung städtebaulicher Maßnahmen durch einen Privaten (§ 11 Abs. 1 Satz 1 BauGB) geregelt werden, wodurch die Kommune wirtschaftlich entlastet werden könnte, indem der Private die Kosten ganz oder teilweise trägt (vgl. Bundesministerium der Justiz, 2007a).

Das Zusammenwirken von Behörde und Privaten bei der Anwendung eines städtebaulichen Vertrags erleichtert die Regelung komplexer Sachverhalte, da viel besser und flexibler reagiert und Informationen besser ausgetauscht werden können. Des Weiteren kommt es zur höheren Dauerhaftigkeit des Vertrags, da er im Einvernehmen beider Seiten aufgestellt wird.

Das Planungsinstrument ist jedoch nur anwendbar, wenn ein privater Investor vorhanden ist, mit dem es zum Abschluss eines Vertrages kommt. Bei der Umnutzung einer Liegenschaft beispielsweise fehlt es in der Realität aber oft an einem interessierten Privaten. Auch langwierige Verhandlungen, die sich bis zu einer Einigung der Vertragspartner ergeben können, sind problematisch für dieses Planungsinstrument und verzögern oft die Planung (vgl. Launhardt, 1998, S. 95f.).

4.1.4 Städtebauliche Entwicklungsmaßnahmen

Neben den Instrumenten des allgemeinen Städtebaurechts können auch die Instrumente des besonderen Städtebaurechts, im zweiten Kapitel des Baugesetzbuches, Baurecht schaffen. Hierzu gehört neben der städtebaulichen Entwicklungsmaßnahme (§ 165 bis 171 BauGB) auch die städtebauliche Sanierungsmaßnahme (vgl. Bundesministerium der Justiz, 2007a).

Mit der städtebaulichen Entwicklungsmaßnahme „sollen Ortsteile und andere Teile des Gemeindegebiets entsprechend ihrer besonderen Bedeutung für die städtebauliche Entwicklung und Ordnung der Gemeinde [...] einer neuen Entwicklung zugeführt werden" (§ 165 Abs. 2 BauGB) (Bundesministerium der Justiz, 2007a). Die Zulässigkeit dieses Instruments wird in § 165 Abs. 3 BauGB abschließend geregelt (vgl. Bundesministerium der Justiz, 2007a).

4.1.5 Städtebauliche Sanierungsmaßnahmen

Mit diesem Instrument (§ 136 bis 164 BauGB) (vgl. Bundesministerium der Justiz, 2007a) können Mängel und Missstände von abgegrenzten Liegenschaften behoben oder gemindert werden und ihre Funktion gestärkt werden. Dieses Instrument wird besonders dann angewendet, wenn wesentliche Strukturen einer Liegenschaft erhalten bleiben sollen, aber Instandsetzungs- und Renovierungsmaßnahmen durchzuführen, Neubauten zu errichten sind oder die Erschließung zu verbessern ist (vgl. Winkler, 1992, S. 385).

4.2 Informelle Planungsinstrumentarien

Im nächsten Abschnitt werden nun diverse informelle Planungsinstrumente beleuchtet.

4.2.1 Städtebaulicher Rahmen- und Entwicklungsplan

Für eine Kommune ist es bei den unzähligen planerischen Aufgaben und der großen Anzahl von Planungsinstrumenten immer schwierig, die Übersicht über die Gesamtheit der Planung zu behalten. Daher ist es von Vorteil, eine übergeordnete städtische Gesamtplanung zu entwickeln, die als Leitfaden für die einzelnen Planungen dient.

Der städtebauliche Rahmenplan ist eine Form der städtebaulichen Entwicklungsplanung und wird meist zwischen dem Flächennutzungs- und Bebauungsplan angesiedelt. Er enthält keine rechtsverbindlichen Festsetzungen und die Gemeinde bindet sich lediglich freiwillig an seine Aussagen (vgl. Hessisches Ministerium für Wirtschaft, Verkehr und Landesentwicklung, 2001, S. 40).

Sobald die Kommune beispielsweise mit der Freigabe einer größeren ehemaligen Militärfläche rechnen kann, bietet sich zur Findung einer geeigneten Folgenutzung die Erstellung eines städtebaulichen Rahmenplans an (vgl. Steinebach/Jacob, 1997, S. 207). Auf dessen Grundlage können dann später die Bebauungspläne entwickelt werden. Des Weiteren kann mit Hilfe eines solchen Rahmenplans die Wertermittlung bestimmt werden, was später bei der Kaufpreisfindung weiterhilft und die Maßnahmen mit Investoren erleichtert. Auch mögliche Sanierungsmaßnahmen können in diesem Plan erläutert werden (vgl. Launhardt, 1998, S. 55).

4.2.2 Flächeninformationssysteme

Bei der Vermarktung von Liegenschaften ist die Herstellung von Transparenz auf dem Grundstücksmarkt entscheidend. Investoren, Bürger, Behörden oder Unternehmen sollten über die wichtigsten Daten der freien Flächen informiert werden.

Die Einrichtung von Flächen-Pools (Reiß-Schmidt, 2006, S. 26), in denen vorhandene Flächen für entsprechende Maßnahmen gebündelt vorliegen, wird mehr und mehr in der städtebaulichen Planung angewendet.

Die Digitalisierung dieses Flächeninformationssystems könnte die Planung vereinfachen. Interessenten müssten nicht zeitaufwendig bei den jeweiligen Behörden die Informationen zusammentragen, sondern könnten sich über die einzelnen Flächen im Internet informieren, Daten abrufen und eine Gesamtübersicht der verfügbaren Flächen bekommen (vgl. Stadt

Wuppertal, 2003, S. 4). Die Internetseite könnte auf einer Karte basieren, in der die Flächen einzeln abrufbar sind und der Benutzer entsprechende Informationen erhält. Ergänzend könnten beispielsweise Aussagen über die vorhandene Infrastruktur hinzugefügt werden. Das System hat den Vorteil, dass es immer wieder aktualisiert und mit neuen Daten ergänzt werden kann.

4.2.3   Städtebauliche Ideenwettbewerbe

Für die Organisation von städtebaulichen Wettbewerben existieren „Grundsätze und Richtlinien für Wettbewerbe auf den Gebieten der Raumplanung, des Städtebaus und des Siedlungswesens" (GRW). Mit Hilfe dieses Planungsinstrumentes sollen, z. B. für neue Stadtteile, Sanierungsgebiete oder Konversionsflächen, alternative Nutzungsideen und Konzepte entwickelt werden, „die den unterschiedlichen Anforderungen, insbesondere der Gestaltung, Wirtschaftlichkeit, Funktionalität, Energieeinsparung und Umwelt in gleicher Weise gerecht werden" (Umwelt – online, 2007).

Einige grundsätzliche Dinge wie beispielsweise die Erschließung des zu planenden Gebietes, soziale Infrastrukturfragen, die Nahversorgung, Grün- und Freiflächen, die Energieversorgung, Altlastenprobleme und finanzielle Aspekte sollten schon vor der Ausschreibung eines Wettbewerbes festgelegt werden, damit das spätere Ergebnis eines Ideenwettbewerbs auch wirklich verwendbar ist und der Wettbewerb finanziell tragbar bleibt (vgl. Schmidt, 1997, S. 285).

4.3   Zusammenfassung

Kommunales Flächenmanagement ist die Strategie einer Kommune, mit Fläche und Boden effizient und wirtschaftlich umzugehen. Hierfür können verschiedene Planungsinstrumente angewendet werden, die in formelle und informelle Instrumente unterteilt werden.Dabei sind formelle Instrumente verbindlich für jedermann, die informellen werden ohne formelles Verfahren gebraucht und haben lediglich eine behördeninterne Bindungswirkung.

Ein formelles Instrument ist der Flächennutzungsplan, der als „vorbereitender Bauleitplan" für das gesamte Gemeindegebiet gilt und etwa für einen Zeitraum von 10 bis 15 Jahren aufgestellt wird. In ihm werden die Grundzüge der „Art der Bodennutzung nach den voraussehbaren Bedürfnissen der Gemeinde" (§ 5 Abs. 1 BauGB), ergänzt durch einen Erläuterungsbericht, dargestellt. Er bildet die Ausnahme der formellen Instrumente und ist nur behördenintern und nicht für jedermann verbindlich.

Der klassische Bebauungsplan setzt als „verbindlicher Bauleitplan" die Nutzung und Bebauung einzelner Grundstücke in einer Satzung fest und ist für jedermann rechtsverbindlich. Er wird aus dem FNP entwickelt und besteht aus Planzeichnungen mit textlichen Ergänzungen einschließlich Ziel, Zweck und wesentlichen Auswirkungen des Plans. Als Unterfall des klassischen B-Plans gilt der vorhabenbezogene Bebauungsplan, der von der Gemeinde in Zusammenarbeit mit einem privaten Investor entwickelt wird.

Ein weiteres formelles Planungsinstrument im Flächenmanagement ist der städtebauliche Vertrag. Der Vertrag wird zwischen einem privaten Investor und der Kommune geschlossen und regelt beispielsweise die Vorbereitungen und Durchführung städtebaulicher Maßnahmen. Weitere formelle Planungsinstrumente, die aber zum besonderen Städtebaurecht gezählt werden, sind die städtebaulichen Entwicklungs- und die Sanierungsmaßnahmen.

Zu den informellen Planungsinstrumentarien zählt u. a. der städtebauliche Rahmen- und Entwicklungsplan, der keine rechtsverbindlichen Festsetzungen enthält. Er wird meist zwischen dem Flächennutzungs- und dem Bebauungsplan angesiedelt und hilft bei der Entwicklung einer städtischen Gesamtplanung, die später als Leitfaden in einzelnen Planungen dient. Weitere informelle Planungsinstrumente sind die Nutzung von Flächeninformationssystemen oder städtebauliche Ideenwettbewerbe. Die Anwendung von Flächeninformationssystemen kann die Planung durch die Digitalisierung der Daten unterstützen und dadurch Investoren anlocken, städtische Ideenwettbewerbe können dabei helfen, alternative Nutzungsideen und Konzepte zu entwickelt, wobei Randbedingungen vor der Ausschreibung vorgegeben werden.

5 Hanau als Wirtschaftsraum im Rhein-Main-Gebiet

Das Oberzentrum Hanau liegt im Osten des Rhein-Main-Gebiets und ist Sonderstatusstadt des *Main-Kinzig-Kreises*[8]. Des Weiteren gehört die Stadt zum *Planungsverband Ballungsraum Frankfurt/Rhein-Main*[9] und besitzt somit eine Doppelfunktion. Mit 93.879 Einwohnern (Stand: März 2007) (Brüder-Grimm-Stadt Hanau, 2007) auf einer Fläche von 7.649 ha (Bertelsmann Stiftung, 2005, S. 3) hat Hanau eine Bevölkerungsdichte von etwa 1.272 Einwohner/km² und ist somit die sechst größte Stadt in Hessen. Ihr Ausländeranteil liegt bei etwa 20% (Planungsverband Ballungsraum Frankfurt/Rhein-Main, 2006b, S. 31).

Neben der Kernstadt besteht Hanau aus den Stadtteilen Kesselstadt, Großauheim, Klein-Auheim, Mittelbuchen, Steinheim und Wolfgang. Steinheim ist der größte Stadtteil mit etwa 13.240 Einwohnern (Stand: 31.12.2006) (Brüder-Grimm-Stadt Hanau, 2007). Als einziger Stadtteil Hanaus verfügt dieser über einen S-Bahn-Anschluss mit direkter Anbindung an den Frankfurter Hauptbahnhof und Flughafen. Die Infrastruktur des Einzelhandels ist ausgewogen und die Versorgung mit Gütern des täglichen Bedarfs gedeckt. Das Möbelgeschäft Erbe (etwa 50.000 m² Fläche), welches im Westen Steinheims lag, hat seinen Standort aufgegeben. Dies hatte negative Auswirkungen auf das restliche

Abbildung 5-1: Altstadt Steinheim
Quelle: Eigenes Foto, 23.04.2007

Gewerbegebiet. Steinheim ist bekannt für die schöne Altstadt, in der jährlich verschiedene Feste stattfinden. Bei der Wohnbebauung dominieren Mehrfamilienhäuser mit zwei bis drei Vollgeschossen. Zudem gibt es vereinzelt Wohnblöcke in diesem Stadtteil.

---

[8] Main-Kinzig-Kreis: Erstreckt sich von Schlüchtern über Gelnhausen und Hanau bis zum Maintal im Westen und ist von der Fläche her Hessens größter Landkreis; bis im Juni 2005 war Hanau dessen Kreisstadt, heute ist es die Stadt Gelnhausen.

[9] Planungsverband Ballungsraum Frankfurt/ Rhein-Main: Die rechtliche Grundlage für die Gründung dieses Planungsverbands bildet das Gesetz zur Stärkung der kommunalen Zusammenarbeit und Planung in der Region Rhein-Main (BallrG) (kurz Ballungsraumgesetz); am 01. April 2001 in Kraft getreten, tritt am 31. Dezember 2011 außer Kraft (§ 8 BallrG). Die Mitgliedschaft in diesem Planungsverband ist verpflichtend und nicht freiwillig. Der Zweck der Gründung ist die „Förderung und Sicherung einer geordneten Entwicklung und zur Stärkung der kommunalen Zusammenarbeit im Ballungsraum Frankfurt/ Rhein-Main" (§ 1 BallrG) (Planungsverband Ballungsraum Frankfurt/ Rhein-Main, 2007a).

Abbildung 5-2: Einkaufsstraße Großauheim
Quelle: Eigenes Foto, 23.04.2007

Der Stadtteil Großauheim hat eine Einwohnerzahl von etwa 12.570 (Stand: 31.12.2006) (Brüder-Grimm-Stadt Hanau, 2007). Im älteren Teil des Stadtteils gibt es eine kleine Einkaufsstraße. Die Wohnbebauung ist durch Einfamilienhäuser und kleine Mehrfamilienhäuser geprägt. In der Nähe der Großauheim-Kaserne liegt ein größeres Neubaugebiet mit höherer Wohnqualität.

Klein-Auheim hat etwa 7.780 Einwohner (Stand: 31.12.2006) zu verzeichnen (Brüder-Grimm-Stadt Hanau, 2007). Neben Steinheim und Mittelbuchen hat dieser Stadtteil einen geringen Ausländeranteil. Dort sind überwiegend Einfamilienhäuser sowie Reihenhäuser vorzufinden. Der Stadtteil hat ein kleines Gewerbegebiet mit Discountern und Supermärkten, beispielsweise Lidl oder Penny.

Der Stadtteil Mittelbuchen hat etwa 3.540 Einwohner (Stand: 31.12.2006) und einen geringen Ausländeranteil von etwa 6% (Brüder-Grimm-Stadt Hanau, 2007). Mittelbuchen grenzt nicht direkt an die Kernstadt Hanaus und ist dörflich geprägt. Die Bebauung ist hauptsächlich durch Einfamilienhäuser geprägt.

Abbildung 5-3: Klein-Auheim
Quelle: Eigenes Foto, 23.04.2007

Kesselstadt hat etwa 12.000 Einwohner (Stand: 31.12.2006) (Brüder-Grimm-Stadt Hanau, 2007) und einen hohen Ausländeranteil von über 20% (Brüder-Grimm-Stadt Hanau, 2007). Der Stadtteil besitzt eine gemischte Wohnbaustruktur, sowohl mit Wohnblöcken und Reihenhäusern wie auch mit Einfamilienhäusern. In Kesselstadt liegt das Schloss Philippsruhe mit einer großen Parkanlage, welches das Gesamtbild des Stadtteils aufwertet.

Abbildung 5-4: Schloss Philippsruhe in Kesselstadt
Quelle: Eigenes Foto, 05.09.2007

Der Stadtteil Wolfgang ist ein sehr kleiner Stadtteil mit etwa 1.800 Einwohnern (Stand: 31.12.2006) (Brüder-Grimm-Stadt Hanau, 2007). Sein Ausländeranteil ist mit etwa 41% sehr hoch (Brüder-Grimm-Stadt Hanau, 2007). In Wolfgang gibt es ähnlich wie in Kesselstadt sowohl Wohnblöcke als auch Einfamilienhaus-Bebauungen. Allerdings ist das eigentliche Wohngebiet sehr klein. Ferner liegen viele amerikanische Anlagen in diesem Stadtteil, u. a. auch das Untersuchungsgebiet dieser Diplomarbeit, die Pioneer Kaserne.

Abbildung 5-6: Einfamilienhaus-Bebauung im Stadtteil Wolfgang
Quelle: Eigenes Foto, 23.04.2007

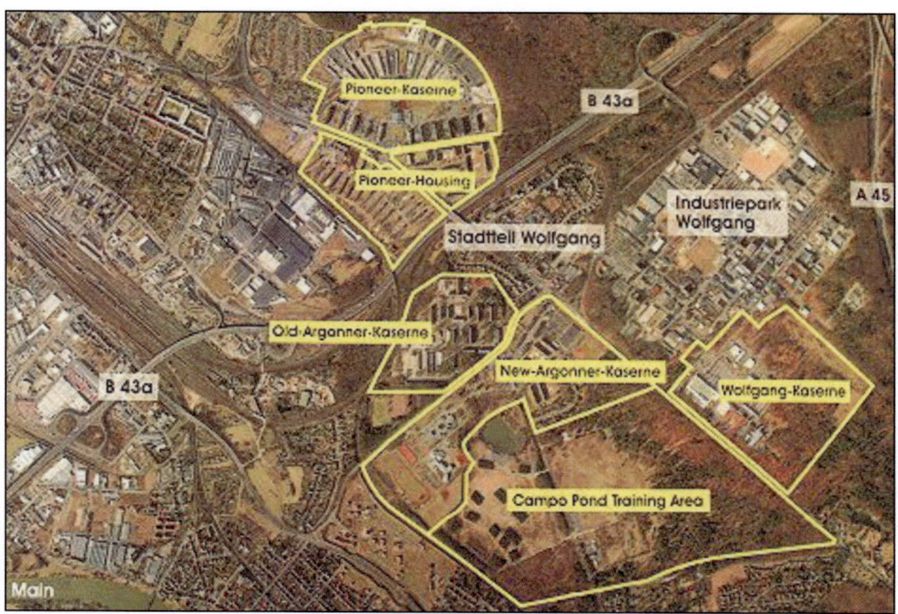

Abbildung 5-5: Amerikanische Anlagen im Stadtteil Wolfgang
(≈ Maßstab 1:25 000)
Quelle: HanauOnline- Magazin für die Region, 2007

Der Main-Kinzig-Kreis grenzt an die Landkreise Frankfurt am Main, Fulda, Vogelsbergkreis, Bad Kisssingen, Main-Spessart und den Wetteraukreis. Im Süden grenzt Hanau an die Gemeinden Großkrotzenburg und Hainburg sowie die Stadt Obertshausen (beide Landkreis Offenbach), im Norden an die Gemeinde Schöneck (Hessen) und die Stadt Bruchköbel, im Nordosten an die Gemeinden Erlensee und Langenselbold, im Südosten an die Gemeinde Kahl am Main (im bayrischen Landkreis Aschaffenburg) sowie im Westen an die Städte Mühlheim am Main (Landkreis Offenbach) und Maintal (siehe Abbildung 5-7).

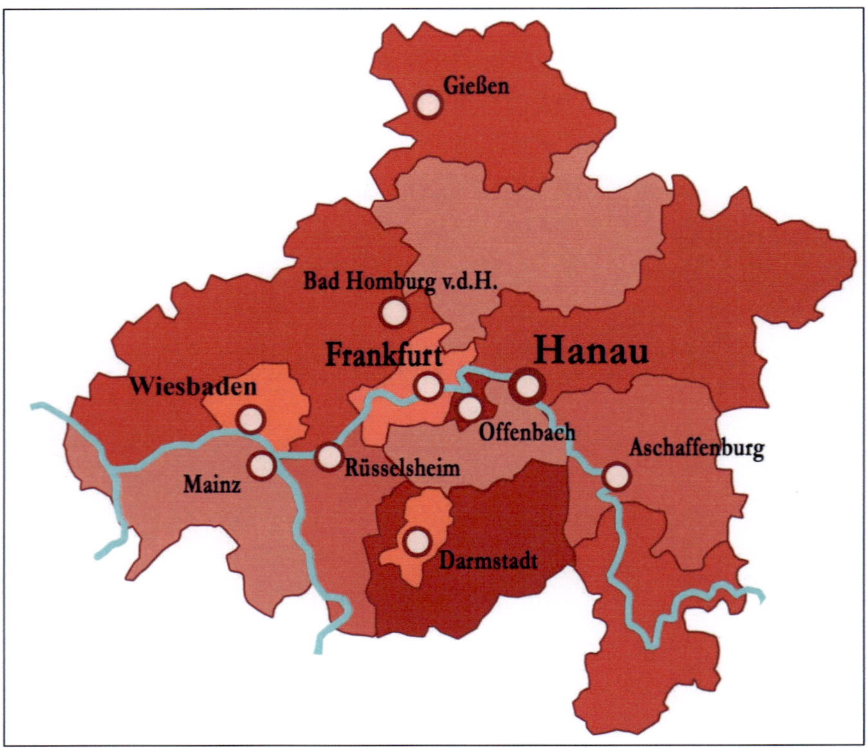

Abbildung 5-7: Lage Hanaus in der Region Frankfurt/ Rhein-Main
Quelle: Adressbuch der Stadt Frankfurt am Main, 2007

Die Wasserburg Hanau wurde erstmals im Jahre 1143 in einer Urkunde erwähnt. Am 2. Februar 1303 bekam die Stadt das Markt- und Stadtrecht von König Albrecht I. verliehen. Seit dem 16. Jahrhundert ist Hanau als Goldschmiedestadt bekannt und erfuhr seit der Industrialisierung eine kontinuierliche Aufwärtsbewegung der Wirtschaft. Im Zweiten Weltkrieg wurde sie durch einen englischen Bombenangriff am 19. März 1945 fast völlig zerstört, was zu einer Veränderung des Stadtbilds führte. Zehn Tage darauf zogen die amerikanischen Streitkräfte in die Stadt ein. Auch heute noch sind in Hanau amerikanische Streitkräfte stationiert (vgl. Brüder-Grimm-Stadt Hanau, 2007).

Mit dem Geburtshaus der Brüder Grimm, dem Deutschen Goldschmiedehaus und zahlreichen Museen verfügt die Stadt heute über vielfältige kulturelle Einrichtungen mit überregionaler Bedeutung. Zudem hat sich Hanau zu einem starken Wirtschaftsstandort im Rhein-Main Gebiet entwickelt. Die Stadt verfügt über 1.981 Betriebe (Stand: 30.08.2006) (Brüder-Grimm-Stadt Hanau, 2007), davon 9 mit mindestens 1.000 Beschäftigten und 47 mit über 100 Beschäftigten (Brüder-Grimm-Stadt Hanau, 2007). Viele weltbedeutende Industriebetriebe wie die Degussa AG, die Dunlop GmbH, die Vacuumschmelze GmbH oder Heraeus Holding GmbH haben sich dort angesiedelt. Des Weiteren sind in Hanau eine Vielzahl von High-Tech Firmen ansässig. Dazu zählen u. a. Unternehmen aus den Bereichen Nano-, Medizin- und Dentaltechnik, Mess- und Regeltechnik, Analyse- sowie Werkstofftechnik (vgl. Wirtschaftsförderung Region Frankfurt/Rhein-Main online, 2007). Der Anteil an Beschäftigten in der Industrie beträgt ca. 38% (Bertelsmann Stiftung, 2005, S. 3). Die meisten Beschäftigten in Hanau jedoch, rund 61% (Planungsverband Ballungsraum Frankfurt/Rhein-Main, 2006a, S. 20), arbeiten im Dienstleistungssektor. Nicht zuletzt der Handel trägt zur Attraktivität Hanaus bei. Dort sind beispielsweise führende Unternehmen wie IKEA, Schwab-Versand, Karstadt, Kaufhof, Peek & Cloppenburg und C&A vertreten. Diese tragen zu einer Kaufkraftkennziffer von 105,3 bei (Stand: 2004) (Industrie- und Handelskammer Hanau-Gelnhausen-Schlüchtern, 2007). Durch Gewerbesteuern nahm Hanau im Jahre 2003 etwa 47 Millionen Euro ein (Brüder-Grimm-Stadt Hanau, 2007). Zudem verfügt die Stadt über ein hohes Pro-Kopf-Einkommen (vgl. Rechnungshof Hessen, 2006). Trotz dieser guten wirtschaftlichen Situation ist Hanau hoch verschuldet (vgl. Rechnungshof Hessen, 2006).

Etwa 70% der Beschäftigten, das entspricht rund 29.000 (Planungsverband Ballungsraum Frankfurt/Rhein-Main, 2006b, S. 31), kommen nicht direkt aus Hanau, sondern pendeln täglich zu ihrem Arbeitsplatz in die Stadt. Jedoch pendeln täglich auch etwa 15.600 Personen aus der Stadt Hanau heraus (Planungsverband Ballungsraum Frankfurt/Rhein-Main, 2006b, S. 31), von diesen arbeiten allein 5.747 in Frankfurt am Main (Stand: 2005) (Planungsverband Ballungsraum Frankfurt/Rhein-Main, 2006a, S. 37).

In Hanau arbeiten insgesamt 42.013 Menschen, davon haben nur ca. 28.400 Hanau als Wohnort (Stand: Juni 2005) (Brüder-Grimm-Stadt Hanau, 2007). Vergleicht man nun die Arbeitsmarktsituation des Main-Kinzig-Kreises mit der des Landes Hessen, fällt auf, dass der Main-Kinzig-Kreis mit einer Arbeitslosenquote von 6,4% etwa 1,3% unter der durchschnittlichen Arbeitslosenquote von Hessen liegt (Stand: Mai 2007) (Bundesagentur für Arbeit, 2007). In Hanau waren im Mai 2007 4.513 Personen absolut arbeitslos (Bundesagentur für Arbeit, 2007).

Zur Stärkung dieses Wirtschaftsstandorts trägt vor allem die zentrale Lage in Deutschland, die Zugehörigkeit zum Wirtschaftsraum Frankfurt Rhein-Main sowie ihre sehr gute Verkehrsanbindung bei. Hierbei sind die direkten Autobahnanschlüsse der A 45, A 66 und der indirekte Anschluss der A 3, die ICE- Station, der S-Bahn-Anschluss nach Frankfurt und Wiesbaden, der zweitgrößte Binnenhafen am Main und eine Entfernung von etwa 35 km zum Flughafen Frankfurt am Main zu nennen, die Hanau günstige Standortvorteile bringen.

Hanau ist nicht nur wirtschaftlich sehr attraktiv für jegliche Unternehmen, sondern bietet auch neben der guten Lage im Wirtschaftraum Frankfurt/Rhein-Main einen direkten Übergang in die naturnahen Erholungsgebiete Spessart und Vogelsberg, die durch die jeweilige Beschaffenheit für den Tourismus sehr anziehend sind und einen hohen Freizeitwert haben. Zudem verfügt Hanau selbst über ein großes Potential an Freiflächen (Kinzigaue), die als Erholungsgebiete genutzt werden können.

„Grundsätzlich verfügt der Wirtschaftsstandort Hanau über hervorragende Voraussetzungen, um auch künftig im Wettbewerb bestehen zu können. Die Menschen in und um Hanau tragen erheblich mit dazu bei, dass das Rhein-Main-Gebiet eine der leistungsfähigsten Regionen in der Europäischen Union ist" (Rohde, 2007, S. 30).

5.1 Zusammenfassung

Das Oberzentrum Hanau mit einer Fläche von 7.649 ha und etwa 93.800 Einwohnern ist Sonderstatusstadt des Main-Kinzig-Kreises und gehört zum Planungsverband Ballungsraum Frankfurt/Rhein-Main. Der Main-Kinzig-Kreis grenzt an die Landkreise Frankfurt am Main, Offenbach, Aschaffenburg, Fulda, Vogelsbergkreis, Bad Kissingen, Main-Spessart und den Wetteraukreis, Hanau selbst an die Gemeinden Bruchköbel, Erlensee, Langenselbold, Großkrotzenburg, Hainburg, Obertshausen, Schöneck, Kahl am Main, Mühlheim am Main und Maintal. Neben der Kernstadt besteht die Stadt aus den Stadtteilen Kesselstadt, Großauheim, Klein-Auheim, Mittelbuchen, Wolfgang und Steinheim, wovon dieser der größte ist.

Die Stadt Hanau wurde erstmals im Jahre 1143 in einer Urkunde erwähnt und bekam 1303 das Markt- und Stadtrecht verliehen. Etwa 200 Jahre später wurde die Stadt als Goldschmiedestadt bekannt und erfuhr bis zum Zweiten Weltkrieg einen kontinuierlichen Aufschwung in der Wirtschaft. Im Zweiten Weltkrieg wurde Hanau dann fast vollständig durch einen Bombenangriff zerstört. Bald darauf zogen die amerikanischen Streitkräfte in die Stadt ein, die noch bis heute dort stationiert sind.

Heute ist Hanau ein starker Wirtschaftsstandort im Rhein-Main Gebiet und registriert über 1.981 ansässige Betriebe, in denen ca. 42.000 Menschen arbeiten. Viele weltbedeutende Industriebetriebe wie die Degussa AG, die Dunlop GmbH, die Vacuumschmelze GmbH oder Heraeus Holding GmbH haben sich dort angesiedelt. Der Beschäftigtenanteil in der Industrie beträgt etwa 38%, rund 61% arbeiten im Dienstleistungssektor. Im Jahre 2003 nahm die Stadt etwa 47 Millionen Euro allein durch Gewerbesteuern ein. Auch der Handel trägt zur Attraktivität Hanaus bei. Die Stadt hat eine Kaufkraftkennziffer von 105,3.

Vor allem die zentrale Lage in Deutschland, die Zugehörigkeit zum Wirtschaftsraum Frankfurt/Rhein-Main und die sehr gute Verkehrsanbindung tragen zur guten Wirtschaftslage der Stadt bei. Jedoch ist nicht zu verkennen, dass die Stadt trotz guter wirtschaftlicher Situation eine hohe Verschuldung zu verzeichnen hat.

6 Leitbilder der Stadtentwicklung Hanaus

Die Stadtverordnetenversammlung der Stadt Hanau hat am 16. Februar 1998 das Konzept „*Leitbilder*[10] der Stadtentwicklung Hanau" beschlossen, wodurch ein Rahmenkonzept für zukünftige Planungsaktivitäten vorgeben wird, die gemeinsam von der Stadt, der Wirtschaft und den Bürgern umgesetzt werden sollen (vgl. Stadt Hanau, 1998).

Bei der Entwicklung ihrer Leitbilder berücksichtigt die Stadt Hanau das Aktionsprogramm „Agenda 21". Dieses wurde 1992 bei der Konferenz der Vereinten Nationen für Umwelt und Entwicklung in Rio de Janeiro beschlossen und ist ein Leitpapier für die nachhaltige Entwicklung. Die Bedürfnisse der heutigen Generation im wirtschaftlichen, ökologischen und sozialen Bereich sollen befriedigt werden ohne Nachteile für zukünftige Generationen zu schaffen. Ferner sollen im Rahmen der Stadtentwicklung die historischen mit den sozialkulturellen Herausforderungen der Stadt verknüpft und gemeinsam weiterentwickelt werden. Hanau gilt als familienfreundliche Stadt. Die Stärkung der Familien gehört derzeit zu den Schwerpunkten ihrer Stadtpolitik (vgl. Stadt Hanau, 1998).

Die Stadt Hanau wurde im Landesentwicklungsplan Hessen aus dem Jahre 2000 zum Oberzentrum aufgestuft (vgl. Hessisches Ministerium für Wirtschaft, Verkehr und Landesentwicklung, Oberste Landesplanungsbehörde, 2000, S. 21). Dieser Bedeutungszuwachs strahlt vom Standort Hanau aus über das gesamte östliche Rhein-Main-Gebiet und wertet dieses auf.

6.1 Zusammenarbeit mit dem Umland

Das Rhein-Main-Gebiet ist ein polyzentrischer Verdichtungsraum. Wichtige Einrichtungen der Bereiche Wirtschaft, Kultur, Bildung und Verwaltung werden auf mehrere Zentren verteilt und miteinander vernetzt, um ein annähernd räumliches Gleichgewicht zu erreichen. Die Stadt Hanau als bedeutender Wirtschafts- und Siedlungsschwerpunkt im Osten des Rhein-Main-Gebiets sollte daher mit ihrem Umland kooperieren. Neben der funktionalen Arbeitsteilung mit anderen Oberzentren wie Wiesbaden, Mainz, Frankfurt am Main, Darmstadt und Offen-

---

[10] Definition Leitbild: „Programmatische Zielvorstellung. Das Leitbild stellt sich z.B. in der Raumordnung als räumliche Zielsetzung auf der Basis der gültigen gesellschafspolitischen Prinzipien dar. Das Leitbild gründet sich u.a. auf die Chancengleichheit des Bürgers in allen Raumkategorien. Grundlage hierfür sind die, im herrschenden Gesellschaftssystem verankerten, Prinzipen des sozialen Rechtsstaates sowie der sozialen Marktwirtschaft" (Leser, 2001, S. 468).

bach muss Hanau auch mit ihren Nachbargemeinden wie beispielsweise Erlensee, Bruchköbel oder Langenselbold eng zusammenarbeiten (vgl. Stadt Hanau, 1998).

6.2 Wirtschaftlichkeit

Hanau ist ein technologisch hoch entwickelter Industriestandort, der für eine zukünftige Erhaltung weiter gestärkt werden muss. Ferner gibt es in der Stadt viele kleine und mittlere Produktionsbetriebe, die nicht vernachlässigt werden dürfen. Bei entsprechender zukünftiger Unterstützung können diese Betriebe den Arbeitsmarkt positiv beeinflussen. Zudem hat sich Hanau in den letzten Jahren immer weiter zu einem Dienstleistungszentrum entfaltet. Entwicklungschancen in diesem Bereich können durch eine erfolgreiche Industrie weiter verstärkt werden.

Die Gesamtzahl der sozialversicherungspflichtigen Beschäftigten in Hanau liegt bei 109.412 (Stand: 30.06.2006) (Industrie- und Handelskammer Hanau-Gelnhausen-Schlüchtern, 2007). Dabei verzeichnet das verarbeitende Gewerbe (33.003 Beschäftigte) die meisten Beschäftigten, gefolgt von Dienstleistungen der öffentlichen Verwaltung und sonstigen öffentlichen und privaten Dienstleistungen (24.634 Beschäftigte) (Industrie- und Handelskammer Hanau-Gelnhausen-Schlüchtern, 2007). Der berufsbildende Bereich muss in den kommenden Jahren aufgebessert werden, beispielsweise durch die Ansiedlung einer privaten Fachhochschule.

Hanau übernimmt im Osten des Rhein-Main-Gebiets die Funktion eines Entlastungs- wie auch Entwicklungsgebiets für die gesamte Region. Die Stadt bemüht sich, dass Betriebe ihren Standort aus dem Kerngebiet des Verdichtungsraumes nach Hanau verlagern und so neue Arbeitsplätze vor Ort entstehen. Des Weiteren ist die Stadt bestrebt, ehemals aus Hanau verlagerte Arbeitsplätze zurück zu gewinnen und den Arbeitsmarkt zu stabilisieren.

Für die Imageverbesserung Hanaus ist es wichtig, das Messe- und Kongresswesen der Stadt weiterzuentwickeln (vgl. Stadt Hanau, 1998). Mittlerweile wurde ein „Congress Park" (CPH) erbaut, der im Oktober 2003 eröffnet wurde.

6.3 Bevölkerungsstruktur und -entwicklung

Die Ziele der Stadtentwicklung orientieren sich auch an der Bevölkerungsentwicklung. Die Stadt hofft, dass die Einwohnerzahl trotz des demographischen Wandels in Richtung 100.000 Einwohner ansteigt (Stadt Hanau, 1998, S. 9). Im Demographiebericht der Bertelsmann Stiftung wird von einer leicht ansteigenden Bevölkerungsentwicklung von 1,4% bis zum

Jahre 2020 (Bertelsmann Stiftung, 2005, S. 4) ausgegangen. In der Alterspyramide der Stadt Hanau (Stand: 31.12.2004) (vgl. Stadt Hanau, 2006, S. 43) ist zu erkennen, dass die Geburtenzahlen mit kleinen Schwankungen seit dem Jahre 2000 wieder ansteigen. Auf der anderen Seite ist der Anteil der ausländischen Mitbürger seit diesem Zeitpunkt gesunken.

Die Bevölkerungszahl und -struktur kann allerdings nur indirekt von der Kommune beeinflusst werden. Die Stadt Hanau strebt die Ansiedlung qualifizierter Arbeitsplätze und die Bereitstellung von entsprechendem Wohnangebot mit attraktivem Umfeld an und erhofft sich dadurch weiteren Bevölkerungszuwachs.

6.4   Wohnen in der Stadt Hanau

In Hanau wurden im Vergleich zu anderen Städten jahrelang zu wenige Wohnungen, besonders für die mittlere und gehobene Bevölkerungsschicht gebaut, obwohl die Stadt über ausreichende Reserveflächen für den Wohnungsbau verfügt. Neben der Mobilisierung von Baulücken und unbebauten Grundstücken in den bestehenden Wohnsiedlungsgebieten bieten vor allem die bis zum Sommer 2008 freiwerdenden Konversionsflächen genügend Platz für neue Wohnbauprojekte. Dies ist durch sorgfältige Ausweisungen neuer Wohnbaugebiete am Stadtrand zu ergänzen. Bei den Neubauwohnungen soll eine gemischte Struktur mit unterschiedlichen Typen von Geschosswohnungen im Miet- und Eigentumsverhältnis entstehen (vgl. Stadt Hanau, 1998).

Die vorhandenen Freiflächen müssen aus ökologischer Sicht erhalten bleiben. Auf der anderen Seite müssen die Reserveflächen im Innenbereich mobilisiert werden. Aufgrund des angespannten Wohnungsmarkts im Rhein-Main-Gebiet könnten einkommensschwache Schichten aus Hanau verdrängt werden. Die Stadt Hanau möchte die bestehenden Wohnungen modernisieren und ihre Attraktivität steigern (vgl. Stadt Hanau, 1998).

6.5   Der Einzelhandel Hanaus

Der Einzelhandel trägt maßgeblich zur Attraktivität des Oberzentrums bei. Die *Kaufkraftkennziffer*[11] Hanaus beträgt 105,3 (Stand: Januar 2003) (Brüder-Grimm-Stadt Hanau, 2007).

---

[11] Begriff Kaufkraftkennziffer: Diese Kennziffer gibt die Kaufkraft bestimmter Regionen in Bezug auf die Kaufkraft der Bundesrepublik mit dem Normwert 100 an.

Die Stadt möchte vor allem versuchen, die Innenstadt und die Entwicklung ihres Einzelhandels weiter zu stärken und die Ansiedlungen von großflächigem Einzelhandel an den Randlagen der Stadt zu unterbinden. Mit geschmackvoller Gestaltung der Fassaden und Schaufenster, neuer Gestaltung der freien Plätze, Veranstaltungen von Straßenfesten und Werbeaktionen oder der gezielten Vermietung der Ladeneinheiten wird die Innenstadt weiter aufgewertet und belebt. Zudem muss die wohnnahe Versorgung mit Gütern des täglichen Bedarfs auch in Zukunft sichergestellt sein (vgl. Stadt Hanau, 1998).

6.6   Städtebauliche Qualität

Das Stadtbild von Hanau wird überwiegend von einer drei- bis viergeschossigen Bebauung, der historisch gewachsenen Altstadt und dem schachbrettartigen Grundriss der Neustadt bestimmt. Die vorhandenen Plätze in der Innenstadt, die das Stadtbild prägen, sollen bewahrt und ausgestaltet werden. Bei der Stadterneuerung ist darauf zu achten, dass Begegnungs-, Aufenthalts- oder Spielmöglichkeiten für Kinder geschaffen oder wieder hergestellt werden. Aufgrund des demographischen Wandels sollte die Stadt ein besonderes Augenmerk auf ältere Menschen legen (vgl. Stadt Hanau, 1998).

Die Stadtteile Hanaus besitzen alle eine eigene Prägung. Während Mittelbuchen eher ein dörfliches Ortsbild aufweist, besitzen Groß- und Klein-Auheim industriellen Charakter. Der Stadtteil Steinheim wird durch einen historischen Ortskern mit wertvoller Bausubstanz geprägt. Die Stadtteile sollen, durch die Schaffung von Plätzen, Aufenthaltsbereichen oder die Heraushebung von Besonderheiten, in ihrer Eigenart bestehen bleiben und städtebaulich weiterentwickelt werden.

6.7   Landschaftsraum

Die Erhaltung der Landschaft mit ihren vielfältigen ökologischen und räumlichen Funktionen sowie die Förderung und Entwicklung der innerstädtischen Grünflächen sind die Wesensgehalte der Landschaftsplanung der Stadt Hanau (vgl. Stadt Hanau, 1998).

Im Jahre 1992 wurde ein Klimagutachten für die Stadt Hanau erstellt, was bei Entwicklungen und Baumaßnahmen berücksichtigt werden sollte. Die Mainlandschaft ist als offene Aue zu bewahren. Des Weiteren ist die offene Landschaft um die Stadtteile Mittelbuchen, Klein-Auheim und Steinheim für die Landwirtschaft, als Lebensraum für Pflanzen und Tiere sowie als ökologische Ausgleichsfläche, beispielsweise für das Grundwasser oder Klima, zu erhalten. Die Entwicklung sieht in diesen Räumen eine Nutzung zur Erholung vor. Ferner sind die großen Waldbestände des Hanauer Stadtgebiets als Schutzgebiete gesichert. Besonderes Interesse gilt auch der Main- und Kinzigaue sowie den Parkanlagen des Schlosses Philippsruhe und Wilhelmsbad (vgl. Stadt Hanau, 1998).

Die anschließende Tabelle zeigt die Anteile einzelner Nutzungsarten der gesamten Stadtfläche. Besonders auffällig sind der große Waldbestand Hanaus, der bei etwa 37% (Brüder-Grimm-Stadt Hanau, 2007) liegt und die Grünflächen, die die Hälfte des gesamten Stadtgebiets umfassen (Wald, Landwirtschaftsflächen, Erholungsflächen).

Fläche	7.649,3 ha
Gebäude- und Freiflächen	23,9%
Betriebsflächen	0,5%
Erholungsflächen	3,1%
Verkehrsflächen	12,1%
Landwirtschaftsflächen	17,7%
Wald	37,5%
Wasserflächen	2,9%
Flächen anderer Nutzung	2,2%

Tabelle 6-1: Stadtgebietsflächen und Nutzungsarten
(Stand: 19.03.2003)
Quelle: Brüder-Grimm-Stadt Hanau, 2007

6.8 Leben in der Stadt

Die Stadt Hanau bietet ein breites Angebot im kulturellen, bildenden, sozialen und sportlichen Bereich. Im sportlichen Bereich besteht ein breit gefächertes Angebot mit unterschiedlichsten Vereinen, was erhalten bleiben und weiter ausgebaut werden soll. Im Bereich der Freizeit bietet die Stadt Hanau durch ihre Lage an zwei Flüssen und den großen Waldflächen viele Naherholungsmöglichkeiten, die für das Leben in Hanau besondere Bedeutung haben und geschützt werden müssen. Ferner ist das große Kulturangebot ein wichtiger Faktor für die Lebensqualität der Stadt. Bekannte Veranstaltungen wie die Brüder-Grimm-Festspiele oder Einrichtungen wie dem deutschen Goldschmiedehaus, diverse Museen oder dem Schloss Philippsruhe und der Anlage Wilhelmsbad sollten noch besser hervorgehoben werden. Ferner muss besonders das Angebot für jüngere Menschen verbessert werden. Auch Feste wie das Lamboyfest oder die Bürgerfeste in den einzelnen Stadtteilen sind wichtige kulturelle Beiträge und sollten weiter bestehen (vgl. Stadt Hanau, 1998).

Im Bildungsbereich sind alle Bildungswege mit den unterschiedlichen Schulformen vorhanden. Diese Mannigfaltigkeit gilt es in der Zukunft abzusichern. Schulgebäude müssen renoviert und modernisiert werden. Ebenfalls sind die Weiterbildungsmöglichkeiten für die Bürger Hanaus abzusichern. Des Weiteren will die Stadt Voraussetzungen für die Ansiedlung einer privaten Hochschule oder Berufsakademie schaffen (vgl. Stadt Hanau, 1998).

Hanau ist eine Stadt des sozialen Ausgleichs (vgl. Stadt Hanau, 1998, S. 18). In der Entwicklungsplanung werden soziale Belange genauso berücksichtigt wie wirtschaftliche. Die Grundversorgung der Bevölkerung im Bereich der sozialen Infrastruktur muss gewährleistet sein. Besonderes Interesse muss hilfsbedürftigen Personen, die sich nicht alleine versorgen können, gelten. Außerdem sind die Kindergärten bedarfsgerecht zu gestalten und eine erforderliche Anzahl von Hort- und Kinderplätzen zu schaffen. Wichtig ist auch eine aktive Jugendarbeit (vgl. Stadt Hanau, 1998).

6.9 Zusammenfassung

Im Jahre 1998 hat die Hanauer Stadtverordnetenversammlung das Konzept „Leitbilder der Stadtentwicklung" beschlossen und damit ein Rahmenkonzept für die zukünftige Planung geschaffen. Die Stadt Hanau bietet ein breites Angebot im kulturellen, bildenden, sozialen und sportlichen Bereich, was erhalten bleiben und weiter entwickelt werden soll. Dabei wird ein besonderes Augenmerk auf eine familienfreundliche Stadt gelegt.

Hanau wurde im Jahre 2000 zum Oberzentrum aufgestuft. Neben einer funktionalen Arbeitsteilung mit anderen Oberzentren wie Frankfurt am Main, Wiesbaden oder Offenbach ist eine interkommunale Zusammenarbeit mit den benachbarten Gemeinden wie Erlensee, Bruchköbel und Langenselbold wichtig.

Ferner ist Hanau ein technologisch hochentwickelter Industrie- und Dienstleistungsstandort, der in Zukunft weiter gestärkt werden soll. Die Stadt übernimmt im Osten des Rhein-Main-Gebiets die Funktion eines Entlastungs- und Entwicklungsraums für den Ballungsraum. Des Weiteren ist die Stadt bemüht, dass Betriebe ihren Standort aus dem Kerngebiet des Verdichtungsraums nach Hanau verlegen und dadurch neue Arbeitsplätze vor Ort entstehen. Weiterhin trägt der bestehende Einzelhandel zur Attraktivität Hanaus bei. Die Innenstadt und die Entwicklung des Einzelhandels müssen weiter gestärkt und neue Ansiedlungen von großflächigem Einzelhandel in Stadtrandlagen verhindert werden.

Ein weiteres, in diesem Konzept genanntes, Entwicklungsziel der Stadt ist die Verbesserung der Wohnqualität. In Hanau wurden jahrelang zu wenige Wohnungen mittlerer und höherer Qualität erbaut. Vor allem die bis zum Sommer 2008 freiwerdenden Konversionsflächen bieten Potentiale für neuen Wohnraum. Die bestehenden Wohnungen der Stadt sollen zudem modernisiert und aufgewertet werden.

Das Stadtbild Hanaus wird überwiegend von drei- bis viergeschossigen Gebäuden, der historischen Altstadt und dem schachbrettartigen Grundriss der Neustadt geprägt. Vor allem die großen Plätze in der Innenstadt sind charakteristisch und werden in Begegnungsstätte und Aufenthaltsmöglichkeiten umgestaltet. Besonderes Augenmerk sollte dabei auf ältere und behinderte Menschen gelegt werden.

Ferner sollte die Landschaft sowie die vorhandenen innerstädtischen Grünflächen erhalten bleiben. Die Mainlandschaft ist als offene Aue zu bewahren. Die offene Landschaft um die Stadtteile Mittelbuchen, Klein-Auheim und Steinheim ist für die Landwirtschaft und als ökologische Ausgleichsfläche zu erhalten sowie die Waldbestände zu schützen. Besonderes Interesse gilt der Main- und Kinzigaue sowie den Parkanlagen des Schlosses Philippsruhe und Wilhelmsbad.

7 Mögliche Konkurrenzflächen für das Plangebiet Pioneer Kaserne

Bereits ausgewiesene Wohnbau- sowie Industrie- und Gewerbeflächen in der Stadt Hanau könnten konkurrierende Standorte für die Entwicklung eines entsprechenden Szenarios auf dem Kasernenareal der Pioneer Kaserne werden. Daher ist es wichtig, dass die Stadt gesamtstädtisch plant. Bei einem neuen Projekt sollten alle ausgewiesenen Flächen betrachtet und dann entschieden werden, an welchem Standort das Bauprojekt am besten umgesetzt werden kann. Wichtig ist auch eine interkommunale Planung, damit ein Flächenüberangebot in der Region vermieden wird und sich die Gemeinden nicht gegenseitig in ihrer Vermarktung behindern.

> „Von der Regionalplanung sollen Gewerbeflächenkonzepte, und zwar gemeindeübergreifend für die Region entwickelt werden, in denen anhand des Umfanges der zur Verfügung stehenden Gewerbeflächen, ihrer Verfügbarkeit, des Bedarfs und anderer Kriterien, Vorstellungen zu weiteren notwendigen Flächenausweisungen festgelegt werden. Diese Konzepte sind regional, interkommunal und gegebenenfalls zwischen den Regionen abzustimmen", so der Landesentwicklungsplan Hessen 2000 (Hessisches Ministerium für Wirtschaft, Verkehr und Landesentwicklung, Oberste Landesplanungsbehörde, 2000, S. 17f.).

Im Folgenden werden zunächst die verschiedenen Konversionsflächen in der Stadt Hanau und ihre verschiedenen Nutzungsoptionen beschrieben. Im Anschluss daran werden die Gewerbe- und Industrieflächen sowie die Wohnbauflächen der Stadt Hanau betrachtet. Bereits ausgewiesene Gewerbe- und Industrieflächen könnten Konkurrenz für die Entwicklung des neuen Zentrums für Logistik und Dienstleistung (Szenario 1 in Kapitel 9.3.1) sowie für neue Entwicklung von Gewerbe und Industrie auf dem Plangebiet der Pioneer Kaserne (Kapitel 9.3.2) werden und diese eventuell sogar verhindern. Ferner könnten bereits ausgewiesene Wohnbauflächen der Stadt Hanau Konkurrenz zum dritten Szenario Wohnkonzept „Pioneer-Living", welches in Kapitel 9.3.3 dargestellt wird, bilden. Abschließend verdeutlicht eine Karte die bereits vorhandenen Universitäten und Fachhochschulen in der Region Frankfurt/Rhein-Main, die Konkurrenz für die Entwicklung einer neuen Hochschule auf dem Kasernenareal der Pioneer Kaserne sind (Szenario 2 in Abschnitt 9.3.2). Die Ansiedlung einer staatlichen Hochschule in der Stadt Hanau ist derzeit sehr unrealistisch. Nach einer durchgeführten Marktanalyse ist die Versorgung durch Hochschulen für die Region Frankfurt/Rhein-

Main abgedeckt, wie auch die Karte sehr gut zeigt. Das Land Hessen fördert den Aufbau einer weiteren Hochschule derzeit nicht.

7.1 Konversionsflächen und ihre Nutzungsoptionen in der Stadt Hanau

Da der Abzug der amerikanischen Truppen in Hanau schon eingesetzt hat, wird im Folgenden Kapitel darauf eingegangen, in wie weit Flächen bereits konvertiert wurden und welche Flächen von den amerikanischen Streitkräften vor Ort noch verwendet werden. Insgesamt werden in den nächsten Jahren Flächen mit einer Gesamtgröße von 3.429.897 m² oder rund 343 ha (Dräger & Thielmann PartG, 2006, S. 31) von den amerikanischen Streitkräften geräumt, für die eine Nachfolgenutzung gefunden werden muss. Die folgende Tabelle gibt einen Überblick über die Größe der einzelnen Liegenschaften. Zudem verdeutlicht eine große Karte im Anhang die Lage der einzelnen Kasernen.

Die meisten amerikanischen Militärflächen liegen in östlichen Stadtteilen Hanaus. Nur drei der insgesamt 14 Liegenschaften liegen im Norden des Hanauer Stadtgebiets. Der größte Anteil der Militärflächen fällt auf die Stadtteile Großauheim und Wolfgang.

Ein Teil von den ehemals genutzten US-Militärflächen im nördlichen Stadtteil Lamboy ist bereits konvertiert. In den Gebäuden am Hessen-Homburg-Platz befinden sich heute u. a. Büros der Stadt Hanau. Die Francois-Gärten wurden im Rahmen der Landesgartenschau im Jahre 2002 umgestaltet.

Flächen	Fläche in m²
Hutier-Kaserne (gesamt)	**237.374**
Yorkhof-Kaserne (gesamt)	**15.672**
Yorkhof-Kaserne	13.033
Parkplatz Cranachstraße	2.639
Cardwell-Housing (gesamt)	**40.533**
Wohnanlage Chemnitzer Str.	29.987
Wohnanlage Grünewaldstr.	10.546
Pioneer Kaserne (gesamt)	**392.783**
Pioneer-Housing (gesamt)	**154.417**
Elementary School	21.838
Wohnanlage	127.105
Tankstelle	5.474

Pioneer-Housing (Triangle) (gesamt)	**83.805**
Old-Argonner-Kaserne	**208.258**
New-Argonner-Kaserne/ Campo Pond Training Area (gesamt)	**1.363.185**
Medical Centre	24.178
Übungsplatz	1.002.087
Wohnanlage	157.144
High School	160.735
Sportplatz	19.041
Wolfgang-Kaserne (gesamt)	**398.467**
Community Centre	54.465
Kaserne	344.002
Underwood-Kaserne (gesamt)	**61.418**
Großauheim-Kaserne (gesamt)	**384.649**
Großauheim River Training Area	**89.336**
Wasserübungsplatz Großauheim	20.896
Wasserübungsplatz Klein-Auheim	32.930
Kläranlage/ Freizeitgelände	35.510
Gesamtfläche	**3.429.897**

Tabelle 7-1: Gesamtüberblick über die jeweilige Größe der einzelnen Kasernen in Hanau
Quelle: Dräger & Thielmann PartG, 2006, S. 31

Die Hutier-Kaserne liegt im Norden der Stadt Hanau, umfasst eine Fläche von etwa 23,7 ha (Dräger & Thielmann PartG, 2006, S. 31) und ist Ende August diesen Jahres von den amerikanischen Streitkräften komplett geräumt worden. Sie hat einen guten Verkehrsanschluss, da der Autobahnanschluss Erlensee der A 66 sowie die Innenstadt schnell zu erreichen sind. Auf der Kasernenfläche befinden sich Unterkunfts- und Verwaltungsgebäude sowie Hallen und Lagerräume, die Mitte bildet einen großen freien Platz. Für die Nachfolgenutzung der Hutier-Kaserne kommen mehrere Alternativen in Betracht. Da die Kaserne direkt an das Gewerbegebiet Nord angrenzt, wäre die Ausweisung als weitere Gewerbefläche eine Möglichkeit (vgl. Dräger & Thielmann PartG, 2006, S. 31). Des Weiteren könnte auf dieser Fläche der neue Feuerwehrstützpunkt der Feuerwehr Hanaus entstehen (Frankfurter Rundschau, 04.09.2007). Eine Wohnnutzung ist für diesen Standort eher ungeeignet.

Die Yorkhof-Kaserne liegt ebenfalls im nördlichen Teil der Stadt und umfasst eine kleine Fläche von rund 1,6 ha (Dräger & Thielmann PartG, 2006, S. 31) Verkehrsmäßig ist sie ebenfalls gut erschlossen, da die Auffahrt Hanau-Nord auf die B 8 nicht weit entfernt ist und auch die Innenstadt von dort gut zu erreichen ist. Gegenwärtig wird sie von den Verwaltungseinheiten der US-Amerikaner genutzt. Sie liegt in der Nachbarschaft der aufgegebenen umgebauten Francois-Kaserne und somit in einem Gebiet gehobener Mischnutzung mit Wohnen und wirtschaftsnaher Dienstleistung. Die Ansiedlung von hochwertigem Wohnen wäre eine Nutzungsoption für die Kaserne. Auch ein Handwerkerhof könnte dort eingerichtet werden. Die Fläche eignet sich auch für Kleingewerbe oder Dienstleistungen (vgl. Dräger & Thielmann PartG, 2006, S. 39).

Die Cardwell-Housing mit einer Fläche von ca. 4 ha (Dräger & Thielmann PartG, 2006, S. 31) befindet sich auch im Norden der Stadt und besteht aus zwei Wohnanlagen mit überwiegend 3-geschossigen Wohnblöcke sowie einer Sportanlage mit Spielplatz. Sie liegt ebenfalls in der Nachbarschaft der bereits konvertierten Fläche der Francois-Kaserne und grenzt somit an ein Gebiet mit gehobener Mischnutzung. Zudem liegen Wohnungen des mittleren bis gehobenen Standards in ihrer Nähe. Die Fläche ist straßenverkehrsmäßig gut angeschlossen. Für die Cardwell-Housing wäre die Folgenutzung als Wohnstandort mittlerer oder höherer Qualität, unter Anpassung an die bereits bestehende umliegende Bebauung, geeignet. Die Sportanlage könnte für Jugendliche weiter genutzt werden. Eine Idee wäre die Entwicklung einer Anlage für Inliner- und Skateboardfahrer (vgl. Dräger & Thielmann PartG, 2006, S. 44).

Die Pioneer Kaserne im östlichen Stadtteil Wolfgang beschreibt das Plangebiet dieser Diplomarbeit, auf die im nachfolgenden Kapitel detailliert eingegangen wird.

Die angrenzende Pioneer-Housing (Triangle) umfasst eine Fläche von knapp 8,3 ha (Dräger & Thielmann PartG, 2006, S. 31), ist mit 3- bis 4-geschossigen Wohnblöcke bebaut und dient überwiegend als Familienwohnanlage der amerikanischen Soldaten. Straßenmäßig ist sie gut angeschlossen, da das Areal direkt an der B 8 liegt, wodurch sowohl der Autobahnanschluss Erlensee der A 66 wie auch die Innenstadt leicht zu erreichen sind. Das Gebiet bildet einen eigenständigen Siedlungsbereich, da es durch die B 43 a sowie der Eisenbahnlinie Frankfurt-Fulda von der übrigen Wohnbebauung des Stadtteils Wolfgang abgetrennt ist. Das Gebiet könnte als Gewerbeflächen für kleine und mittlere Unternehmen genutzt werden. Die Weiternutzung als Wohneinheiten ist fraglich (vgl. Dräger & Thielmann PartG, 2006, S. 58).

Die Pioneer-Housing südwestlich der Aschaffenburger Straße umfasst insgesamt ca. 15,4 ha (Dräger & Thielmann PartG, 2006, S. 31) und ist ebenfalls durch die B 43 a sowie der Eisenbahnlinie vom Wohngebiet Wolfgangs abgeschnitten. Das Areal besteht aus relativ dicht gebauten 3-stöckigen Wohnblöcke sowie einer Tankstelle und einem Schulgebäude. Sie wird vom amerikanischen Militär als Familienwohnanlage genutzt, gegenwärtig stehen aber bereits

Teile der Wohnblöcke leer. Auch das Schulgebäude wird nicht mehr genutzt. Dieses Kasernenareal könnte in Zukunft als Standort für Kfz-Dienstleistungsunternehmen genutzt und bisherige dafür verwendete Flächen entlastet werden. Ferner ist diese Fläche als Logistikstandort denkbar, eventuell als Erweiterung des planbaren Logistikstandorts Pioneer Kaserne. Eine weitere Alternative wäre der Abriss aller Gebäude und die Nutzung als strategische Flächenreserve für die Stadt (vgl. Dräger & Thielmann PartG, 2006, S. 111).

Die ebenfalls im Stadtteil Wolfgang liegende Old Argonner-Kaserne umfasst ein Areal von rund 21 ha (Dräger & Thielmann PartG, 2006, S. 31). und dient der US-Armee als Wohnsiedlung. Da die Fläche im Nordosten von einem schmalen zivilen Wohngebiet begrenzt wird, sollte diese Fläche als Wohnnutzung weiterverwendet und an den Siedlungskern des Stadtteils Wolfgang entsprechend angebunden werden.

Die angrenzende New Argonner-Kaserne und die Fläche des Campo Pond Training Area sind ebenfalls vom Siedlungskern sowie dem Industriepark Wolfgangs durch die B 8 abgetrennt. Die New Argonner-Kaserne und das Trainingsareal beschreiben eine Fläche von rund 136,3 ha, wovon das Trainingsgelände alleine 100,2 ha (Dräger & Thielmann PartG, 2006, S. 31). einnimmt. Die Wohnbebauung der New Argonner-Kaserne besteht aus Wohnblöcke und Ein- bzw. Zweifamilienhäusern, die als Offizierswohnungen dienen. Des Weiteren befindet sich dort das Medical Center der amerikanischen Streitkräfte so wie ein Schulgelände mit High School und Middle School, die überlokale Bedeutung für die gesamte US-Armee in Hanau haben und daher wahrscheinlich bis zum endgültigen Abzug des amerikanischen Militärs genutzt werden. Das Übungsgelände dient Übungen mit schwerem Gerät und Infanterietruppen. Außerdem wurde ein See zur Übung von Brücken- und Pioniertruppen angelegt. (vgl. Dräger & Thielmann PartG, 2006, S. 68f.). Die New Argonner-Kaserne wäre in Anbindung an die Old Argonner-Kaserne sowie dem Siedlungsbereich von Wolfgang für eine weitere Wohnnutzung geeignet. Das medizinische Zentrum könnte zivil weitergenutzt und das Campo Pond Training Gelände komplett der Natur zurückgegeben werden. Es kann für die Bürger Hanaus geöffnet werden und der Naherholung dienen.

Die Wolfgang-Kaserne besitzt eine Fläche von rund 39,8 ha (Dräger & Thielmann PartG, 2006, S. 31). In diesem Kasernenareal liegt das Community-Centre (Gemeinschafts- und Einkaufszentrum) der amerikanischen Streitkräfte, was alleine 5,4 ha (Dräger & Thielmann PartG, 2006, S. 31) einnimmt und ein wichtige Versorgungsfunktion für die US-Armee der gesamten Region übernimmt. Weitere 24 ha (Dräger & Thielmann PartG, 2006, S. 31) der

Kasernenfläche sind Waldbestand. Denkbar ist die Ausweisung als Erweiterungsfläche des Unternehmens DEGUSSA im Industriepark Wolfgang oder als neues eigenständiges Gewerbe- und Industriegebiet mit 24-Stunden-Betrieb. Ferner ist diese Fläche für die Ansiedlung von großflächigem Einzelhandel geeignet, sollte jedoch aufgrund einer entstehenden Konkurrenz zur Innenstadt verhindert werden (vgl. Dräger & Thielmann PartG, 2006, S. 115).

Die Underwood-Kaserne im östlichen Stadtteil Großauheim umfasst eine Gesamtfläche von ca. 6 ha (Dräger & Thielmann PartG, 2006, S. 31) und ist straßenverkehrsmäßig gut angeschlossen. Die Straßen B 8 und B 43 a sind von dort aus schnell zu erreichen. Da die Zubringerstraßen durch Wohngebiete führen, ist eine Folgenutzung mit hohem Verkehrsaufkommen durch Schwertransport ungeeignet. Die gesamte Fläche ist versiegelt und wird oder wurde zur Lagerung von Raketen benutzt (vgl. Dräger & Thielmann PartG, 2006, S. 116). Das Kasernenareal könnte einer Nutzung als kleinteiliges Gewerbegebiet für kleine und mittlere Unternehmen zugeführt oder zur Flächenreserve der Stadt freigehalten werden. Eine Wohnnutzung ist für die Underwood-Kaserne eher ungeeignet (vgl. Dräger & Thielmann PartG, 2006, S. 116).

Die Großauheim-Kaserne im östlichen Teil der Stadt Hanau liegt unmittelbar an der Grenze zur Gemeinde Großkrotzenburg und besitzt eine Fläche von 38,5 ha (Dräger & Thielmann PartG, 2006, S. 31). Gemeinsam mit der Underwood-Kaserne bildet sie eine städtebauliche Einheit und daher sollte die Stadt die beiden Kasernen gemeinsam entwickeln. Eine ca. 10 ha (Dräger & Thielmann PartG, 2006, S. 31) große Fläche im westlichen Teil der Kaserne wurde bereits vor zehn Jahren von den amerikanischen Alliierten geräumt und bereits konvertiert. Die Fläche ist als Gewerbegebiet ausgewiesen, liegt aber gegenwärtig, bis auf die Nutzung von einem Gebäude, brach (vgl. Dräger & Thielmann PartG, 2006, S. 84). Die Fläche ist überwiegend mit Lagerhallen bebaut, in denen Ausrüstungsgegenstände, Ersatzteile u. Ä. der US-Armee für die gesamte Region gelagert sind. Die Großauheim-Kaserne könnte ebenfalls als Gewerbegebiet für kleine und mittlere Unternehmen ausgewiesen oder für Freizeitangebote genutzt werden (vgl. Dräger & Thielmann PartG, 2006, S. 117).

Die angrenzende Großauheim River Training Area umfasst eine Fläche von 9 ha (Dräger & Thielmann PartG, 2006, S. 31) und besteht aus den Wasserübungsplätzen der Gemeinden Klein-Auheim und Großauheim sowie einem Freizeitgelände und einer Kläranlage und dient als militärisches Übungsgebiet. Auf den Flächen befinden sich keinerlei Gebäude. Die Kläranlage ist Teil des Systems der Entwässerung für die Großauheim-Kaserne und der Underwood-Kaserne (vgl. Dräger & Thielmann PartG, 2006, S. 90). Dieses Trainingsgelände könnte nach Abzug der US-Armee als Freifläche genutzt und für die Öffentlichkeit zugänglich gemacht oder als Kleingartenanlage in Erweiterung der bestehenden Anlage nördlich der Limesbrücke genutzt werden (vgl. Dräger & Thielmann PartG, 2006, S. 117).

Der ehemalige amerikanische Fliegerhorst Erlensee bei Bruchköbel bildet eine weitere Konversionsfläche in der Nähe der Stadt Hanau und umfasst alleine knapp 230 ha (Hanauer Anzeiger, 21.07.2007, S. 24) Konversionsfläche, wovon 80 ha (Hanauer Anzeiger, 21.07.2007, S. 24) auf der Gemarkung Bruchköbel liegen. Damit keine Konkurrenzsituation zwischen den einzelnen Kommunen entsteht, haben sich die drei Kommunen Hanau, Bruchköbel und Erlensee zusammengesetzt und wollen unter dem Motto „gemeinsam sind wir stärker" die Probleme zusammen angehen (Hanauer Anzeiger, 21.07.2007, S. 24).

Insgesamt werden in Hanau, Erlensee und Bruchköbel rund 580 ha (Hanauer Anzeiger, 21.07.2007, S. 24) ehemaliger Militärflächen in den nächsten Jahren frei, die einer zivilen Nutzung zugeführt werden sollen. Sie machen nahezu ein Drittel aller hessischen Konversionsflächen aus. Alle drei Kommunen sprechen von einer wahren „Herkules-Aufgabe" (Hanauer Anzeiger, 21.07.2007, S. 24), die auf die Kommunen und die Region zukommt und die es zu bewältigen gilt.

7.2 Betrachtung der Gewerbe- und Industrieflächen der Stadt Hanau

Die ausgewiesenen Gewerbe- und Industrieflächen in der Stadt Hanau werden in einer Karte mit dazugehöriger Tabelle im Anhang dargestellt und kurz beschrieben. Die Karte ist auf Grundlage von ATKIS-Datenauszügen, die der Planungsverband Ballungsraum Frankfurt/Rhein-Main zur Verfügung gestellt hat, selbst entwickelt worden. Die abgebildeten Flächen sind vom Land Hessen als Gewerbe- und Industrieflächen mit Hilfe von Luftbildern identifiziert worden, die angegebenen Daten der Tabelle sind aus einer Gewerbebroschüre der Stadt Hanau entnommen. Die genannten Grundstückspreise (€/ m²) in dieser Tabelle sind inklusive Erschließungskosten angegeben.

Die Gewerbegrundstücke liegen überwiegend in der Innenstadt Hanaus sowie im Stadtteil Großauheim. Besonders auffällig ist, dass keine Gewerbegrundstücke im Stadtteil Wolfgang, indem das Plangebiet Pioneer Kaserne liegt, vorhanden sind. Die Größe aller beschriebenen Flächen beträgt insgesamt 151.774 m² (ca. 15,2 ha), davon entfallen 75.831 m² auf die

Innenstadt, 19.263 m² auf den Stadtteil Großauheim, 52.799 m² auf Steinheim und 3.881 m²
auf Klein-Auheim (Brüder-Grimm-Stadt Hanau, 2007).

7.3   Wohnbauflächen der Stadt Hanau

Auch die Wohnbauflächen der Stadt Hanau sind in einer Karte mit dazugehöriger Tabelle im
Anhang dargestellt. Die Karte ist ebenfalls auf der Grundlage der ATKIS-Datenauszüge selbst
entwickelt worden und die angegebenen Daten der Tabelle sind aus einer entsprechenden
Wohnbaubroschüre der Stadt Hanau entnommen. Die genannten Grundstückspreise (€/ m²)
sind auch hier inklusive Erschließungskosten angegeben.

Die meisten Wohnbaugrundstücke liegen mit einer Fläche von 23.787,3 m² (Brüder-Grimm-
Stadt Hanau, 2007) im Stadtteil Großauheim, 9.062,8 m² Fläche (Brüder-Grimm-Stadt Hanau,
2007) in Steinheim, 1.113 m² und diverse Grundstücke (Brüder-Grimm-Stadt Hanau, 2007) in
Mittelbuchen sowie weitere 30 m² und diverse Grundstücke (Brüder-Grimm-Stadt Hanau,
2007) in Klein-Auheim. Es fällt auch hier auf, dass keine Wohnbaugrundstücke im Stadtteil
Wolfgang ausgewiesen sind.

Insgesamt sind derzeit Wohnbaugrundstücke in einer Gesamtfläche von 33.992,1 m² (ca. 3,4
ha) (Brüder-Grimm-Stadt Hanau, 2007) plus diverse nicht in m² angegebene Grundstücke in
Mittelbuchen und Klein-Auheim in der Stadt Hanau ausgewiesen. Der Regionalplan Südhessen 2000 besagt, dass der maximale Bedarf an Wohnsiedlungsfläche für den Zeitraum 1990
bis zum Jahre 2010 für die Stadt Hanau 140 ha beträgt (Regierungspräsidium Darmstadt als
Geschäftsstelle der Regionalversammlung Südhessen, 2000, S. 19).

7.4   Lage bereits vorhandener Hochschulen in der Region

Die untere Karte zeigt alle vorhandenen Universitäten, Fachhochschulen und Hochschulen in
der Region Frankfurt/Rhein-Main. In der näheren Umgebung von Hanau sind ausreichende
staatliche Hochschulen, u. a. in Frankfurt am Main, Offenbach am Main oder Aschaffenburg,
angesiedelt. Das Ergebnis einer durchgeführten Marktanalyse besagt, dass die Versorgung
durch Hochschulen für diese Region abgedeckt ist und daher das Land Hessen keinen
weiteren Aufbau einer staatlichen Hochschule fördert. Daher ist wahrscheinlich nur die
Ansiedlung einer privaten Hochschule auf der Fläche der Pioneer Kaserne in Hanau denkbar.

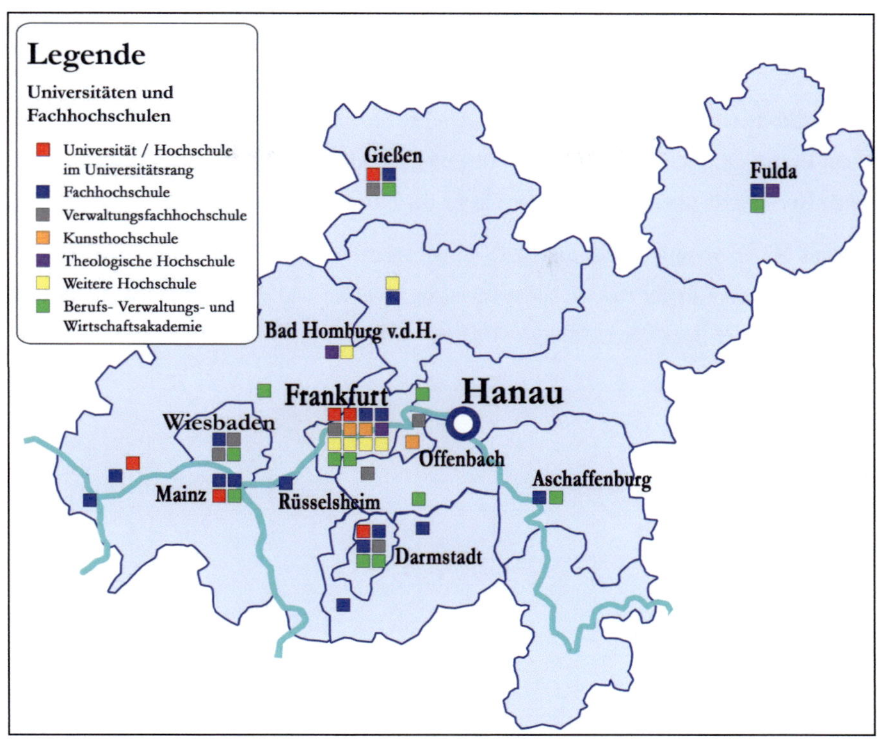

Abbildung 7-1: Übersicht der vorhandenen Universitäten und Fachhochschulen in der Region Frankfurt/Rhein-Main

Quelle: Eigene Darstellung, auf Grundlage von Planungsverband Ballungsraum Frankfurt/ Rhein-Main, 2006

7.5 Zusammenfassung

Die beschriebenen Konversions-, Industrie-, Gewerbe- und Wohnbauflächen in diesem Kapitel könnten konkurrierende Standorte für die Entwicklung eines der dargestellten Szenarios für das Plangebiet Pioneer Kaserne werden.

Bis zum Sommer 2008 werden zwölf militärische Areale mit einer Gesamtfläche von etwa 343 ha frei. Die Größe aller oben beschriebenen Industrie- und Gewerbeflächen beträgt ca. 15,2 ha, wovon keine im Stadtteil Wolfgang liegt. Diese Flächen könnten Konkurrenzflächen für die Entwicklung des neuen Zentrums für Logistik und Dienstleistung (Szenario 1) sowie für neue Entwicklung von Gewerbe und Industrie auf dem Plangebiet (Szenario 2) werden und diese eventuell sogar verhindern. Ferner können die derzeit ausgewiesenen Wohnbaugrundstücke in einer Gesamtfläche von 3,4 ha plus diverse Grundstücke in Mittelbuchen und Klein-Auheim die Entwicklung des dritten Szenarios Wohnkonzept „Pioneer-Living" behindern.

Beim vergleichenden Überblick aller Hochschulen im Rhein-Main-Gebiet ist festzustellen, dass der Bedarf an Hochschulen für diese Region gedeckt und daher nur die Ansiedlung einer privaten Hochschule (Szenario 2) auf der Fläche der Pioneer Kaserne denkbar ist.

Insgesamt ist es wichtig, dass die Stadt gesamtstädtisch und interkommunal plant. Ein Flächenüberangebot in der Region sollte vermieden werden und die Gemeinden sollten sich nicht gegenseitig in ihrer Vermarktung behindern.

8 Bestandsaufnahme der Pioneer Kaserne in Hanau

Das Plangebiet Pioneer Kaserne gehört zur Stadt Hanau, befindet sich im Stadtteil Wolfgang und umfasst eine Größe von etwa 39,3 ha (Dräger & Thielmann PartG, 2006, S. 48). Die Kaserne wurde zwischen 1936 und 1938 erbaut und ist heute das Hauptquartier der „130th Engineer Brigade" des „V Corps". Des Weiteren sind dort Einheiten des „565th Engineer Battalion" und "39th Finance Battalion" stationiert (vgl. Piper, 2004).

Das folgende Luftbild zeigt eine Aufnahme aus dem Jahre 1950 und im Anhang der Diplomarbeit befindet sich zur besseren Veranschaulichung ein aktuelles Luftbild der Kaserne aus dem Jahre 2006 (Stadtplanungsamt Hanau, 2006).

Abbildung 8-1: Aerial view of Pioneer Kaserne, May 1950
Quelle: U.S. Army Europe, Germany, 2007

8.1 Lage und Verkehrsanbindung der Pioneer Kaserne

Die Anlage der Pioneer Kaserne ist ca. 3 km-Luftlinie von der Innenstadt entfernt und liegt im Innenbereich nach § 34 BauGB. Trotz der relativ zentralen Lage liegt sie am Rande des Stadtgebiets und ist nicht in dieses integriert. Ferner liegt die Kaserne im östlichen Stadtteil Wolfgang und ist von dessen Siedlungskern durch die B 43 a und der Eisenbahnlinie Frankfurt-Fulda getrennt. Im Südwesten grenzt sie direkt an die B 8, im Norden sowie im Osten grenzt die Anlage an die naturnahe Auenlandschaft *Bulau*[12] und im Westen an eine Schrebergartenanlage. Im Süden schließt die Pioneer-Housing, ein Wohngebiet der amerikanischen Soldaten, an die Kaserne an, mit dem die Kaserne zusammen einen eigenständigen Siedlungsbereich bildet, der keine Anbindung zu umliegenden Wohngebieten hat.

Die Kaserne hat eine sehr gute Verkehrsanbindung. Ihr Haupteingang liegt an der, in diesem Abschnitt vierspurigen, Aschaffenburger Straße (B 8), die direkt auf den Autobahnanschluss Erlensee der A 66 führt. Die A 66 verläuft von dort aus in der einen Richtung zum Hanauer Kreuz und weiter nach Fulda, in der anderen Richtung nach Frankfurt am Main. Über das Hanauer Kreuz ist die A 45 zu erreichen, die in die Richtungen A 5 (Gambacher Kreuz) und Dortmund sowie bei Seligenstadt auf die A 3 führt. Die Innenstadt ist von dort aus ebenfalls gut zu erreichen. Die B 8 hat im Bereich der Pioneer Kaserne heute eine Tagesbelastung von knapp 20.000 Fahrzeugen, die B 43 a zeichnet eine Tagesbelastung von etwa 40.000 Fahrzeugen auf. Früher wurde der Hauptverkehr vom Schwerverkehr der amerikanischen Streitkräfte noch zusätzlich belastet.

---

[12] Auenlandschaft Bulau: Dieses Gebiet ist gemeinsam mit dem Naturschutzgebiet Erlensee als europaweites FFH-Gebiet vorgeschlagen worden. Auf ca. 600 ha existieren hier Auewald und Feuchtgrünland (Brüder-Grimm-Stadt Hanau, 2007).

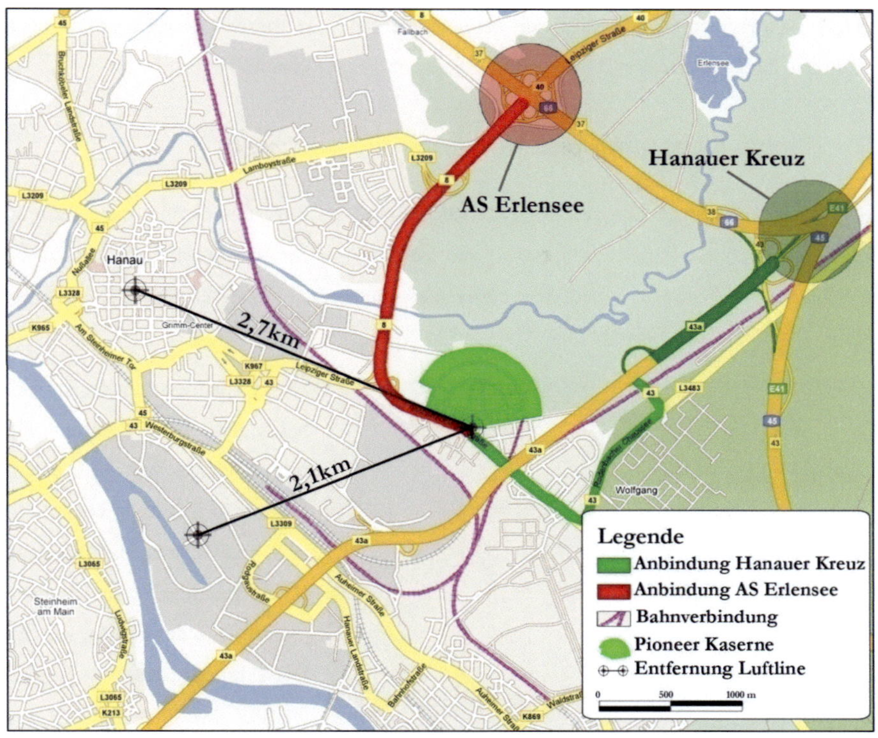

Abbildung 8-2: Verkehrsanbindung des Plangebiets Pioneer Kaserne
Quelle: Eigene Darstellung auf Kartengrundlage von Google Maps, 2007

Des Weiteren verläuft die Buslinie 6 der Hanauer Straßenbahn AG über die Pioneer Kaserne, die einerseits in Richtung Hanauer Innenstadt mit den Haltepunkten Freiheitsplatz und Markplatz, andererseits nach Klein-Auheim führt (vgl. Hanauer Straßenbahn GmbH, 2007).

Auf dem Gelände der Kaserne befindet sich ein Gleisanschluss, jedoch wird dieser von den amerikanischen Streitkräften nicht mehr genutzt.

Die Pioneer Kaserne bietet beste Standortbedingungen. Durch die gute Straßenanbindung können

Abbildung 8-3: Gleisanschluss der Pioneer Kaserne
Quelle: Microsoft Virtual Earth, 2007

wichtige Autobahnen in kürzester Zeit erreicht werden. Ein weiterer Aspekt ist der noch vorhandene Gleisanschluss und die geringe Entfernung zum Hanauer Hafen.

8.2 Fläche, Bebauung und Nutzung

Die Anlage der Pioneer Kaserne umfasst eine Fläche von 392.782 m² oder rund 39,3 ha (Dräger & Thielmann PartG, 2006, S. 48) und hat die Form eines aufgeschlagenen Fächers. Die Gebäude sind symmetrisch auf dem Grundstück angeordnet. Damit erhält die Kaserne ein außergewöhnliches Erscheinungsbild.

Abbildung 8-4: Gebäude Pioneer Kaserne, Aschaffenburger Straße
Quelle: Landesamt für Denkmalpflege in Hessen, 2006, S. 589

Die Gebäudesubstanz ist sehr heterogen. Im vorderen Abschnitt stehen an der Aschaffenburger Straße jeweils links und rechts vom Haupteingang fünf parallele Einzelbauten (siehe Abbildung 8-4), die für Verwaltungszwecke genutzt werden. Im hinteren Teil des Kasernenareals sind sechszehn eingeschossige Gebäude in Form von Normbarracken halbkreisförmig angeordnet (siehe Abbildung 8-5). In diesen Gebäuden befinden sich das Rote Kreuz, ein Geldinstitut sowie einige Werkstätten. Eine Tabelle im Anhang stellt die (teilweise nur vermuteten) Gebäudenutzungen der Pioneer Kaserne dar.

Abbildung 8-5: Normbaracken der Pioneer Kaserne
Quelle: Microsoft Virtual Earth, 2007

Der überwiegende Teil der Kasernengebäude ist saniert. Bei ein paar Gebäuden sind kleinere Mängel an der Bausubstanz festzustellen, einige Gebäude sind auch abbruchreif. Die meisten der abbruchreifen Gebäude sind im Nordwesten des Areals zu finden. Im Anhang befindet sich eine Karte, die die Substanz der einzelnen Gebäude nochmals genauer abbildet.

Die Pioneer Kaserne weist, wie viele amerikanische Kasernen, einen relativ hohen Versiegelungsgrad auf (siehe Abbildung 8-6). Lediglich ein Baseball- und ein Football-Feld bilden größere nicht versiegelte Flächen. Ferner befinden sich noch einzelne Grünflächen zwischen den Gebäuden. Die Versiegelungs- und Grünflächen werden nochmals in einer Karte im Anhang besser veranschaulicht.

Abbildung 8-6: Versiegelung der Pioneer Kaserne
Quelle: Microsoft Virtual Earth, 2007

8.3 Denkmalschutz

Die Kasernenanlage wurde zwischen 1936 und 1938 nach Plänen des Kommandeurs des Eisenbahnregiments Nr. 3, Hans von Donat, errichtet. Die Militärbaukonzeption der Bauten, die direkt an die Aschaffenburger Straße angrenzen, lehnte sich an den sozialen Wohnungsbau sowie dem Heimatschutzgedanken an. Die hinteren im Halbkreis angeordneten einge-schossigen Gebäude sind in der zeittypischen Form der Normbaracken erbaut (vgl. Landesamt für Denkmalpflege in Hessen, 2006, S. 589). Die Gesamtanlage der Pioneer Kaserne ist daher als Zeugnis nationalsozialistischer Architektur ein Kulturdenkmal aus geschichtlichen Gründen im Sinne des § 2 des Hessischen Denkmalschutzgesetzes (siehe Kapitel 3.8). Der Abriss einzelner Gebäude wird schwierig, ist aber dennoch nicht ausgeschlossen.

8.4 Altlasten

Bei der Pioneer Kaserne ist davon auszugehen, dass normale Altlasten (siehe Kapitel 3.7) durch den Umgang mit Kraftstoffen, Ölen oder chlorierten Wasserstoffen vorhanden sind. Im Nordosten des Areals befindet sich ein großer Motorpool. Des Weiteren ist eine Tankstelle, ein Waschsalon und ein großes Heizwerk auf der Fläche vorhanden, welches jedoch nicht mehr in Betrieb ist. Eine Karte im Anhang gibt nochmal einen Gesamtüberblick der Altlas-tenverdachtsflächen. Die existierenden Bodenbelastungen sollen bereits von den amerikani-schen Streitkräften beseitigt sein.

8.5 Regionaler Flächennutzungsplan

Hanau liegt mit 74 weiteren Städten und Gemeinden im Planungsverband Ballungsraum Frankfurt/Rhein-Main. Für dieses Gebiet wird ein *Regionaler Flächennutzungsplan*[13] aufge-stellt (siehe Kapitel 4.1.1).

Im unteren Entwurf des Regionalen FNP sind die Fläche der Pioneer Kaserne und die angrenzende Pioneer-Housing größtenteils als Wohnbaufläche ausgewiesen. Der vordere Abschnitt der Pioneer Kaserne an der Aschaffenburger Straße ist als gemischte Baufläche deklariert (Planungsverband Ballungsraum Frankfurt/ Rhein-Main, 2007b).

Im Verwaltungsentwurf der Stellungnahme der Stadt Hanau zum Regionalen FNP im Juli 2007 wird aber vorgeschlagen, das gesamte Areal der Pioneer Kaserne und die angrenzende

---

[13] RegFNP: Der RegFNP ist in Deutschland ein Pilotprojekt, nur im Ruhrgebiet gibt es noch ein ähnliches Konzept. Durch ihn wird der bisherige Regionalplan Südhessen sowie der ehemalige Flächennutzungsplan der Stadt Hanau zusammengefasst und ersetzt. Künftig wird es für den Ballungsraum Frankfurt/ Rhein-Main nur einen übergeordneten Plan geben, der die räumliche Entwicklung bis zum Jahr 2020 beschreibt.

Housing Area als Mischbaufläche auszuweisen. Es kann aber immer noch zu anderen Überlegungen kommen, vor allem aufgrund der Seveso-II-Richtlinie.

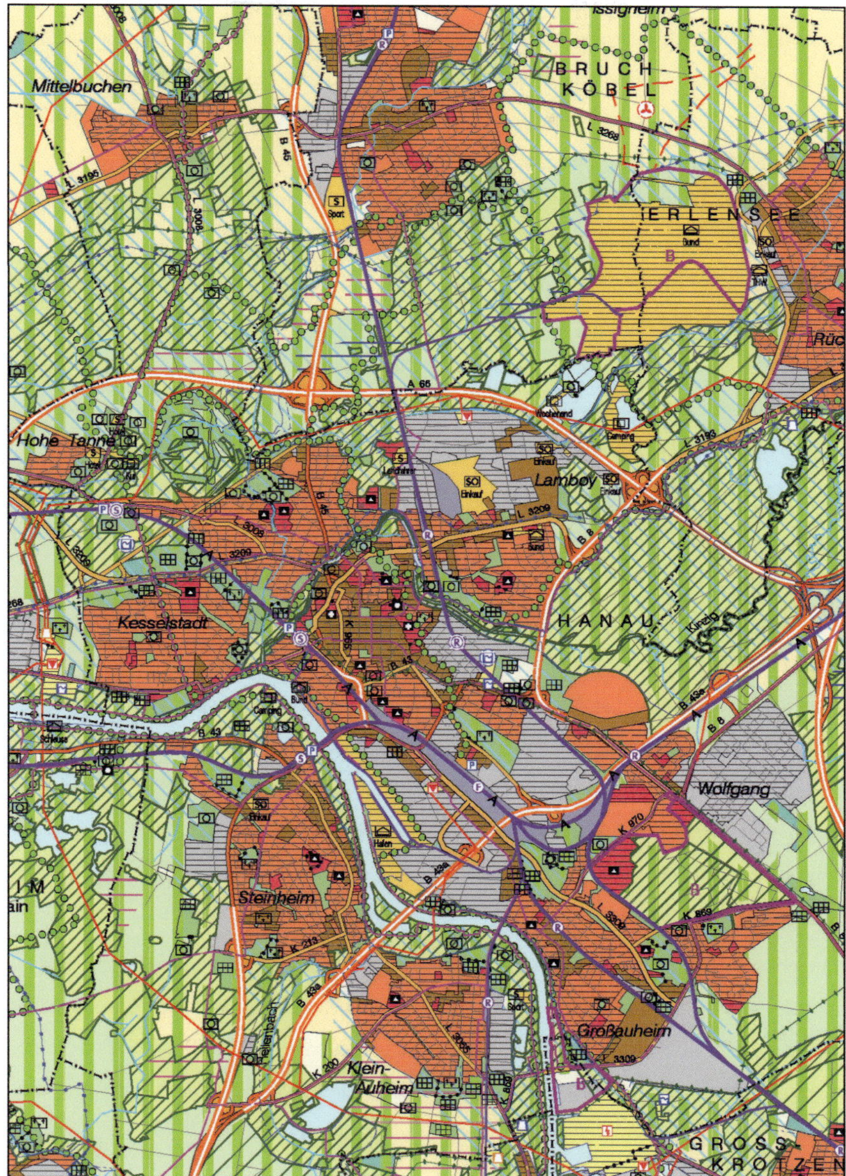

Abbildung 8-7: Entwurf Regionaler Flächennutzungsplan Ausschnitt Hanau
(Maßstab 1: 50 000)
Quelle: Planungsverband Ballungsraum Frankfurt/ Rhein-Main, 2007b

8.6   Seveso-II-Problematik

Die Seveso-Richtlinie wurde 1982 von der Europäischen Union erlassen, nachdem im Jahre 1976 bei einem großen Chemieunfall in Seveso bei Mailand große Mengen Dioxin ausgetreten sind und Hunderte Menschen gerettet werden mussten. Die Seveso-II-Richtlinie, die im Anschluss an die erste Seveso-Richtlinie erlassen wurde, zielt auf die Verhütung schwerer Unfälle mit gefährlichen Stoffen und die Begrenzung der Unfallfolgen für Mensch und Umwelt ab, um in der ganzen Gemeinschaft ein hohes Schutzniveau zu gewährleisten (vgl. Europäisches Parlament und Europäischer Rat, 2003). § 50 Bundes-Immissionsschutzgesetz schreibt vor, dass bei raumbedeutsamen Planungen durch geeignete Zuordnung der Flächen untereinander die Auswirkungen von schweren Unfällen in Störfallbetrieben so weit wie möglich vermieden werden sollen (vgl. Bundesministerium der Justiz, 2007e). Bei der Ausweisung von Flächen für neue Wohngebiete beispielsweise muss ein bestimmter Abstand zu Fabrikanlagen eingehalten werden.

Auch bei der Aufstellung des Regionalen Flächennutzungsplans des Planungsverbandes Ballungsraum Frankfurt/Rhein-Main sind diese Richtlinien zu beachten. Dieser hat sich gemeinsam mit den Umweltabteilungen des Regierungspräsidiums Darmstadt ein Vorgehen überlegt. Zunächst wurden Planflächen ermittelt, die aufgrund ihrer Nähe mögliche Konflikte zu Störfallbetrieben aufweisen. Bei Anlagen oder Betriebsbereichen, in denen eine bestimmte Mindestmenge von Gefahrenstoffen vorhanden ist, muss ein entsprechender Abstand zu empfindlichen Nutzungen gehalten werden. Die Abstände wurden in vier Klassen von 200, 500, 900 und 1.500 Metern eingeteilt. Anschließend wurde mit Hilfe eines Geographischen Informationssystems um alle in Frage kommenden Flächen ein entsprechender Puffer gezeichnet. Die Planflächen, die ganz oder teilweise innerhalb dieses Puffers liegen, werden als Konfliktflächen angesehen (vgl. Planungsverband Ballungsraum Frankfurt/Rhein-Main, 2006c).

Das Plangebiet Pioneer Kaserne ist eine solche Seveso-II-Konfliktfläche. Diese und weitere Konfliktflächen werden nun einer Einzelfallprüfung unterzogen. Spätestens in der zweiten Offenlage des RegFNP müssen die Probleme in Zusammenhang mit der Seveso-II-Richtlinie geklärt und Einigkeit zwischen den beteiligten Akteuren gefunden werden (vgl. Planungsverband Ballungsraum Frankfurt/Rhein-Main, 2006c).

8.7　SWOT- Analyse zum Plangebiet der Pioneer Kaserne

Die SWOT- Analyse stellt ein einfaches aber effektives Instrument zur Situationsanalyse und Strategiefindung dar. Mit ihm lassen sich Projekte analysieren, um geeignete Lösungsalternativen und Verbesserungsvorschläge zur Erreichung bestimmter Ziele abzuleiten. Mit der SWOT- Analyse sind keine exakten Entscheidungen zu treffen. Sie soll vielmehr ein Denkanstoß und eine Grundlage für das Sammeln von hilfreichen Informationen sein.

Aus der englischen Sprache übernommen steht das S für **Strengths** (Stärken), das W für **Weaknesses** (Schwächen), das O für **Opportunities** (Chancen) und das T steht für **Threats** (Gefahren), die in Paaren vier Strategien bilden. Dabei werden interne und externe Rahmenbedingungen kombiniert. Die Stärken und Schwächen sind interne, die sich daraus ergebenden Chancen und Risiken externe Faktoren (vgl. Controlling-Portal.de, 2007).

Im Folgenden wird kurz auf die einzelnen Strategien eingegangen. Die erste Strategie ist die SO-Strategie. Durch die Stärken sollen die Chancen genutzt werden. Die ST–Strategie ist eine weitere Strategie, wobei die Stärken bekannte Risiken entschärfen sollen. Die Bildung des Paares WO steht für den Abbau der Schwächen und die Nutzung der Chancen. Das vierte Paar ist die WT–Strategie, wodurch der Abbau von Schwächen Risiken reduzieren soll (vgl. Controlling-Portal.de, 2007).

Das Baudezernat der Stadt Hanau beauftragte das Büro Dr. Stefan Dräger & Thielmann PartG ein (noch unveröffentlichtes) Gutachten der Eignung der im Hanauer Stadtgebiet befindlichen amerikanischen Flächen aufzustellen. Im Rahmen dieser Bewertung wurde auch eine SWOT-Analyse für die Pioneer Kaserne mit folgendem Ergebnis durchgeführt (Dräger & Thielmann PartG, 2006, S.50f.):

	Stärken	**Schwächen**
Interne Analyse	• Gute Anbindung an regionales und überregionales Straßenverkehrsnetz • Gleisanschluss an das regionale und überregionale Bahnstreckennetz • Gute innerörtliche Erreichbarkeit • Günstige Form • Attraktives Umfeld im Norden (Bulau) • Bodendenkmäler nicht bekannt	• Existierende Belastungen der Bausubstanz anzunehmen • Existierender Gebäudebestand nur bedingt für mögliche Nachfolgenutzungen geeignet – hoher Investitionsaufwand • Wenig attraktives Umfeld im Osten, Süden und Westen (Hauptverkehrsstraßen und Eisenbahnlinien isolieren die Fläche) • Existierende Bodenbelastungen
	Chancen	**Risiken**
Externe Analyse	• Nachfrage durch Logistikunternehmen nach verkehrsgünstig gelegenen, großen Flächen ohne direkte Nachbarschaft mit lärmempfindlichen Nutzungen • Verzicht auf Einstufung von Einzelgebäuden als Kulturdenkmäler eröffnet • Möglichkeiten einer Neuausrichtung der Nutzung unter Beibehaltung des baulichen Charakters der Gesamtanlage	• Nachfrage nach Gewerbeimmobilien beschränkt • Image des Standorts schränkt die Möglichkeit einer höherwertigen Wohnentwicklung ein • Denkmalschutz auf Gesamtanlage erschwert zukünftige Nutzung • Ausweisung als Siedlungsgebiet im Regionalplan erschwert zukünftige Nutzung, da Optionen einer gewerblichen Nutzung eingeschränkt sind

Tabelle 8-1: SWOT-Analyse Pioneer Kaserne

Die Pioneer Kaserne hat eine gute Straßenanbindung, einen eigenen Gleisanschluss an das überregionale Bahnstreckennetz sowie eine gute innerörtliche Erreichbarkeit. Des Weiteren grenzt direkt an die Kaserne kein Wohngebiet. Solche günstigen Standorte sind für Logistikunternehmen sehr attraktiv und bieten die Chance, dass sich diese dort ansiedeln. Eine weitere Chance wäre eine Neuausrichtung der Nutzung unter der Beibehaltung des bisherigen baulichen Charakters. Das attraktive Umfeld im Norden und die interessante Form der Fläche wären beispielsweise für die Entwicklung eines neuen Wohn- oder Gewerbegebiets interessant. Die Nachfrage nach Gewerbeimmobilien ist derzeit jedoch beschränkt und auch die Ausweisung als Siedlungsgebiet ist ein Risiko. Der Standort hat momentan kein gutes Image und schränkt dadurch die Möglichkeit höherwertigen Wohnens ein. Die gute Lage direkt an der Bulau könnte aber das Image des Standorts aufwerten und die Möglichkeit der Umsetzung höherwertigen Wohnens verbessern. Des Weiteren ist der Standort durch seine gute Verkehrsanbindung auch für die gewerbliche Nutzung attraktiv und trotz geringer Nachfrage nach Gewerbeimmobilien ist es durchaus denkbar, dass die Flächen gut vermarktet werden könnten. Jedoch ist der existierende Gebäudebestand nur bedingt für mögliche Nachfolgenutzungen geeignet und ein hoher Investitionsaufwand ist nötig. Des Weiteren müssen die existierenden Bodenbelastungen beseitigt werden.

Der oben aufgeführten SWOT- Analyse sind noch einige Anmerkungen hinzuzufügen. Eine weitere Stärke ist die Lage Hanaus und somit der Pioneer Kaserne in der Metropolregion Frankfurt/Rhein-Main. Ferner ist die genannte Schwäche einer existierenden Belastung der Bausubstanz eher zu vernachlässigen, da fast alle Gebäude auf dem Kasernenareal der Pioneer Kaserne in den letzten Jahren renoviert worden sind. Diese Feststellung ergab eine persönliche Ortsbegehung am 25.09.2007. Ferner sind existierende Bodenbelastungen angeblich bereits von den amerikanischen Streitkräften beseitigt worden. Bei den Risiken wird die Ausweisung eines Siedlungsgebiets im Regionalen Flächennutzungsplan genannt. Die endgültige Nutzungsart im Regionalen Flächennutzungsplan ist allerdings noch nicht entschieden und somit kann es noch zu anderen Überlegungen kommen. Wie bereits im Abschnitt 8.5 erläutert, wird derzeit angedacht, das gesamte Areal der Pioneer Kaserne als Mischbaufläche auszuweisen.

Die in der SWOT- Analyse genannten Schwächen müssen abgebaut und verbessert werden, damit die Chancen durch die Stärken noch besser genutzt und die Risiken weiter reduziert und entschärft werden können.

Im neunten Kapitel werde ich die Szenario-Technik anwenden und dabei auf die SOWT-Analyse und ihre Ergebnisse nochmals näher eingehen.

8.8 Werteermittlung und Nutzungen der angrenzenden Grundstücke

Es ist bislang noch keine Wertermittlung, wie sie in Kapitel 3.6 beschrieben ist, erfolgt. Daher liegen keine genauen Angaben über die Kosten für die Altlastensanierung, notwendigen Erschließungen oder baulichen Anpassungen vor.

Die Bodenrichtwertkarte kann zunächst Aufschluss über durchschnittliche Lagewerte des Grund und Bodens geben. Diese werden aus den Kaufpreisen für Grundstücke abgeleitet. Für das Plangebiet der Pioneer Kaserne liegt aber noch kein Bodenrichtwert vor. Es können lediglich die Bodenrichtwerte der angrenzenden Grundstücke zum Vergleich herangezogen werden. Dies ist jedoch nur bedingt möglich, da diese teilweise deutlich entfernt liegen und einen anderen baulichen Charakter aufweisen.

Der Gutachterausschuss der Stadt Hanau hat Ende April 2007 die Bodenrichtwertkarte zum Stichtag 31.12.2006 beschlossen (Brüder-Grimm-Stadt Hanau, 2007). Nach dieser Karte sind die westlich angrenzenden Grundstücke mit 20 €/m² Gartenland (GA) kategorisiert, wo sich Schrebergärten befinden. Die im Südwesten liegenden Grundstücke sind mit 120 €/m² Gewerbebauflächen: Kleingewerbe, Handwerksbetrieb, SB-Markt (G51) kategorisiert, die Grundstücke südwestlich angrenzend an die Pioneer-Housing und die Eisenbahnlinie Hanau-Friedberg sind ebenfalls mit 120 €/m² Gewerbebauflächen: Industrie (G52) kategorisiert. Diese Fläche ist das Betriebsgelände des Unternehmens Dunlop GmbH. Die Grundstücke südöstlich der Kaserne und angrenzend an die Eisenbahnlinie Hanau-Fulda liegend sind mit 220 €/m² Wohnbauflächen: Mehrfamilienhaus (W20) kategorisiert und bilden das Wohngebiet des Stadtteils Wolfgang

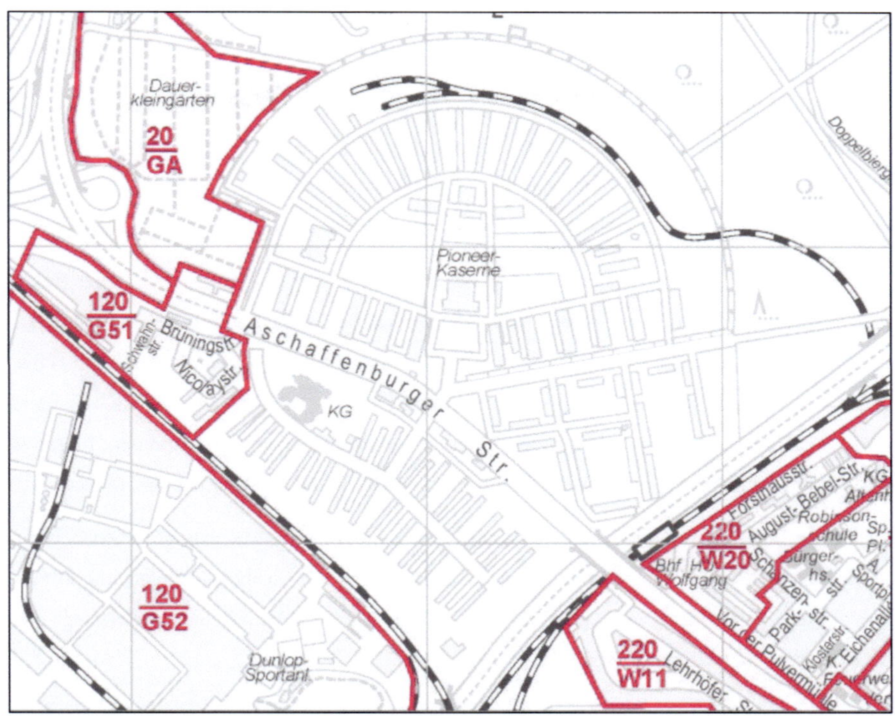

Abbildung 8-8: Bodenrichtwerte benachbarter Grundstücke der Pioneer Kaserne
Quelle: Brüder-Grimm-Stadt Hanau, 2007

8.9 Zusammenfassung

Die Pioneer Kaserne hat eine Gesamtfläche von etwa 39,3 ha, ist etwa 3 km-Luftlinie von der Innenstadt Hanaus entfernt und liegt im Stadtteil Wolfgang. Sie ist jedoch von dessen Siedlungskern durch die B 43 a und einer Eisenbahnlinie abgetrennt. Im Süden schließt die Pioneer-Housing-Area an, im Südwesten grenzt die Kaserne direkt an die B 8, im Norden und Osten an die Auenlandschaft Bulau und im Westen an eine Schrebergartensiedlung. Der Haupteingang liegt an der B 8, die auf direktem Wege zum Autobahnanschluss Erlensee und auf die A 66 führt. Von dort aus sind sowohl die A 45 wie auch die A 3 in kürzester Zeit zu erreichen. Es ist somit eine sehr gute Verkehrsanbindung gegeben.

Die Kaserne hat die Form eines aufgeschlagenen Fächers, bietet somit ein außergewöhnliches Erscheinungsbild und steht als Gesamtanlage unter Denkmalschutz. Die Gebäude sind symmetrisch auf dem Grundstück angeordnet. Im vorderen Abschnitt, an der Aschaffenburger Straße, stehen zehn parallele Einzelbauten, im hinteren Teil der Kaserne sechzehn eingeschossige Gebäude in Form von Normbarracken, die im Halbkreis angeordnet sind. Die meisten Kasernengebäude sind gut erhalten und saniert, nur einige weisen Mängel auf oder sind sogar abbruchreif. Des Weiteren sind auf der Kasernenfläche einige Altlastenflächen anzunehmen, die aber schon von den amerikanischen Streitkräften beseitigt sein sollen.

Derzeit wird für den Planungsverband Ballungsraum Frankfurt/Rhein-Main ein neuer Regionaler Flächennutzungsplan aufgestellt. Im ersten Entwurf ist die Pioneer Kaserne größtenteils als Wohnbaufläche ausgewiesen. Im Verwaltungsentwurf der Stellungnahme der Stadt Hanau zu diesem Plan wird jetzt aber vorgeschlagen, das Areal der Pioneer Kaserne als Mischbaufläche auszuweisen. Es kann aber immer noch zu anderen Überlegungen kommen, beispielsweise aufgrund der Seveso-II-Richtlinie, von der auch die Pioneer Kaserne betroffen ist.

Bislang ist auch noch keine Wertermittlung für die Pioneer Kaserne erfolgt. Ebenso liegen keine Bodenrichtwerte vor. Lediglich die Bodenrichtwerte der Nachbargrundstücke können zum Vergleich herangezogen werden, was jedoch aufgrund deutlicher Entfernung oder anderem baulichen Charakter nur bedingt möglich ist.

Auf die SWOT-Analyse in diesem Abschnitt wird im Rahmen der Szenarien-Entwicklung im anschließenden Kapitel genauer eingegangen.

9 Szenarienentwicklung

„Ideen von heute gestalten die Welt von morgen."

Mum Unternehmensführung, 2007

Die Technik der Szenarienentwicklung wurde ursprünglich in der militärischen Planung und in der Unternehmensplanung eingesetzt (vgl. Sträter, 1988, S. 421). Heute gehört die Entwicklung von *Szenarien*[14] zu den gängigen Planungsmethoden in der Stadtplanung, bildet meist den ersten konzeptionellen Arbeitsschritt und gibt erste Ideen für die Weiterentwicklung, beispielsweise bei der Nachfolgenutzung einer Konversionsfläche. Mit Hilfe von Szenarien können zunächst städtebauliche Leitbilder entwickelt werden, was die spätere Nutzungsfindung unterstützen und erleichtern kann (vgl. Launhardt, 1998, S. 49).

Für die Verwendung der Szenario-Technik im Konversionsprozess empfiehlt sich aber eine vorherige Bestandsanalyse der Fläche, sonst minimiert sich die Qualität der Szenarien. Grundsätzlich treten bei der Anwendung der Szenario-Technik sonst keine weiteren Probleme auf (vgl. Steinebach/Jacob, 1997, S. 56).

Im folgenden Kapitel werden zunächst die Methode der Szenarienentwicklung dargestellt sowie Vor- und Nachteile bei der Anwendung dieser Methodik genannt. Im Anschluss wird diese Technik zur Entwicklung verschiedener Szenarien für das Plangebiet Pioneer Kaserne angewendet.

9.1 Methodendarstellung

„Die Szenario-Technik ist eine Verbindung von kontrollierter Fantasie und konkreter Utopie, basierend auf allgemeinen Tendenzen der Entwicklung. Sie verwendet insbesondere, aber nicht nur, qualitative Information. Sie hat sowohl kreative als auch analytische Elemente, weshalb sie bisweilen zu den Kreativitätsmethoden gezählt wird" (Scholles, 2004b, S. 207).

Das Ziel der Szenario-Technik ist die „gedankliche Vorwegnahme möglicher zukünftiger Entwicklungen" (Launhardt, 1998, S. 46), indem eine Situation entlang von verschiedenen Entwicklungspfaden in die Zukunft fortgeschrieben wird.

---

[14] Definition Szenario: „hypothetische Aufeinanderfolge von Ereignissen, die zur Betrachtung kausaler Zusammenhänge konstruiert wird" (Wissenschaftlicher Rat der Dudenredaktion, 1982, S. 746; entnommen aus Launhardt, 1998, S. 46).

Diese Technik wurde in den 1970er Jahren zunächst im amerikanischen Militärbereich zur Lösung von Problemen angewendet, jedoch auf einer sehr gering entwickelten methodischen Basis. In den 1970er Jahren erfuhren die quantitativen Prognosen eine Krise. Trotz des Exaktheitsanspruchs kam es immer wieder zu Fehlern. Des Weiteren wurden bei der bisherigen Anwendung von Prognosen durch die Mathematisierung zu viele Dimensionen komplexer Probleme ausgeblendet. Die Szenarien-Technik ist eine qualitative Alternative zu den herkömmlichen Prognose-Techniken. Mit ihr können komplexe Entwicklungen erkannt und in Zusammenhänge gebracht werden. Ferner wird von vorneherein auf die mathematische Genauigkeit verzichtet. Das Ziel ist keine exakte Ergebnisvoraussage, sondern die Skizzierung von verschiedenen Handlungsfeldern. Es ist ein argumentatives Verfahren zur Ermittlung und Beschreibung künftig möglicher Situationen (vgl. Stiens, 1998, S. 130). Dabei wird die Zukunft in ihre Bestandteile zerlegt und anschließend wieder in Form einer gezielten Komposition zusammengesetzt (vgl. Stiens, 1998, S. 132). Die Anwendung von Szenarien bedeutet aber nicht, dass die traditionellen Prognoseverfahren komplett außen vor gelassen werden. Sie können durchaus wichtige Bausteine eines Szenarios bilden.

Die meisten raumbezogenen Szenarioprojekte enthalten bestimmte Elemente, die bei fast allen zu finden sind. Jedes Szenario-Projekt enthält einen vorab definierten Zeitraum, der in fast allen Fällen länger ist als ein Zeitraum von 15 Jahren. Des Weiteren besitzt jedes Projekt ein Ausgangsbild, welches die gegebene Situation zu Beginn des Projektes beschreibt. Ferner wird das Projekt in einem vorher festgelegten räumlichen Bezugsraster dargestellt (vgl. Stiens, 1998, S. 131).

Es gibt verschiedene Szenarien-Arten. Zunächst wird in normative und explorative Szenarien differenziert. Bei den normativen Szenarien wird das Ziel in der Aufgabenstellung vorgegeben. Daher wird zuerst das Zukunftsbild als Kontrastszenario entworfen und dann rückwärts der Entwicklungspfad entwickelt. Zu den normativen Szenarien gehören die Kontrastszenarien und die Strategie-Szenarien. Kontrastszenarien stellen die Frage, was alles zu tun ist, um einen bestimmten Endzustand, ein bestimmtes Zielbild zu erreichen (vgl. Scholles, 2004b, S. 209). Bei den Strategie-Szenarien wird systematisch in einzelnen zeitlichen Stufen die „politische Realisierbarkeit" für eine bessere Raumstruktur geprüft (vgl. Stiens, 1996, S. 96). Es wird die Frage gestellt, was ein Adressatenkreis realistisch tun kann, um einen wünschenswerten Endzustand zu erreichen. Hierzu müssen bislang nicht bedachte Einflussmöglichkeiten auf den Raum ermittelt und in der Planung berücksichtigt werden.

Bei dem Typ der explorativen Szenarien werden zunächst verschiedene Entwicklungspfade analysiert und im Anschluss die Zukunftsbilder skizziert. Hierzu gehören die Trend- sowie die Alternativszenarien. Die Trendszenarien stellen die Frage, was passiert, wenn es so weitergeht wie bisher. Diese Art von Szenarien kommt Trendexplorationen am nächsten (vgl. Scholles, 2004b, S. 209). Bei der Trendexploration wird eine statistisch erfasste Entwicklung in die Zukunft fortgeschrieben. Bei den Alternativszenarien wird die Frage gestellt, was passiert, „wenn diese oder jene Richtung eingeschlagen würde" (Scholles, 2004b, S. 209). „Was passiert aber, wenn…?" (Stiens, 1996, S. 94). Der Typ der Alternativszenarien gibt verschiedene Entwicklungsmöglichkeiten an, die oft als Ausgangspunkte für die weitere genauere Zukunftsentwicklung dienen. In der Praxis sind die Übergänge der Szenarien-Typen oft fließend und nicht klar abgegrenzt wie in der Theorie.

Die Abbildung 9-1 zeigt die vorherrschenden Szenario-Arten und ihre jeweiligen Komponenten:

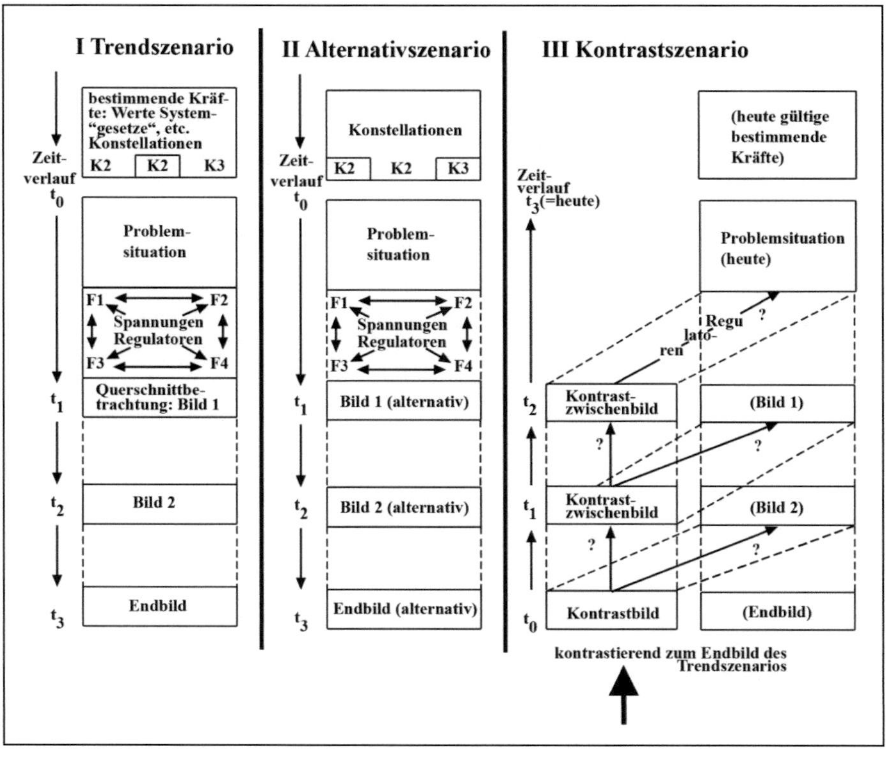

Abbildung 9-1: Vorherrschende Szenario-Arten und ihre Komponenten
Quelle: Stiens, 1996, S. 92

9.2   Vor- und Nachteile bei der Anwendung von Szenarien

Die Anwendung von Szenarien bringt einige Vorteile mit sich. In erster Linie trägt sie zu einem besseren Verständnis der Anwendung bei. Komplizierte Entwicklungen und Zusammenhänge können anschaulich dargestellt werden, so dass auch Dritte die Szenario-Technik gut nachvollziehen können. Das Denken in Alternativen wird gefördert und kann eher überzeugen, die kommenden Zukunftsprobleme bewältigen zu können. Ferner bewahrt die Vorbereitung auf mehrere Möglichkeiten davor, nicht ganz unvorbereitet gegenüber plötzlich eintretenden Ereignissen zu stehen. Des Weiteren können bei der Szenario-Technik weiche und qualitative Daten neben harten, empirischen Daten eingebracht werden (vgl. Scholles, 2004b, S. 211f.).

Die Szenario-Technik hat aber auch ihre Nachteile. Die Methode ist besonders zeit- und kostenaufwendig, da oft Experten zur Anwendung der Szenario-Technik gebraucht werden. Ferner ist die Technik nicht wertfrei. Sie enthält subjektive Werthaltungen und entsprechende Ziele, die eventuell für Dritte nicht nachvollziehbar sind. In der Praxis wird bei der Anwendung noch zu selten die graphische oder zeichnerische Darstellung gebraucht, wodurch die Vorstellung und Nachvollziehbarkeit erleichtert wird (vgl. Scholles, 2004b, S. 211f.).

9.3   Anwendung der Szenario-Technik zur Entwicklung von verschiedenen Szenarien für das Plangebiet

In der Diplomarbeit wird der Typ der Alternativszenarien angewendet. Diese Art von Szenario-Technik gehört zu den *explorativen* Szenarien. Zunächst werden verschiedene Entwicklungspfade analysiert und anschließend für jedes Szenario ein Zukunftsbild skizziert.

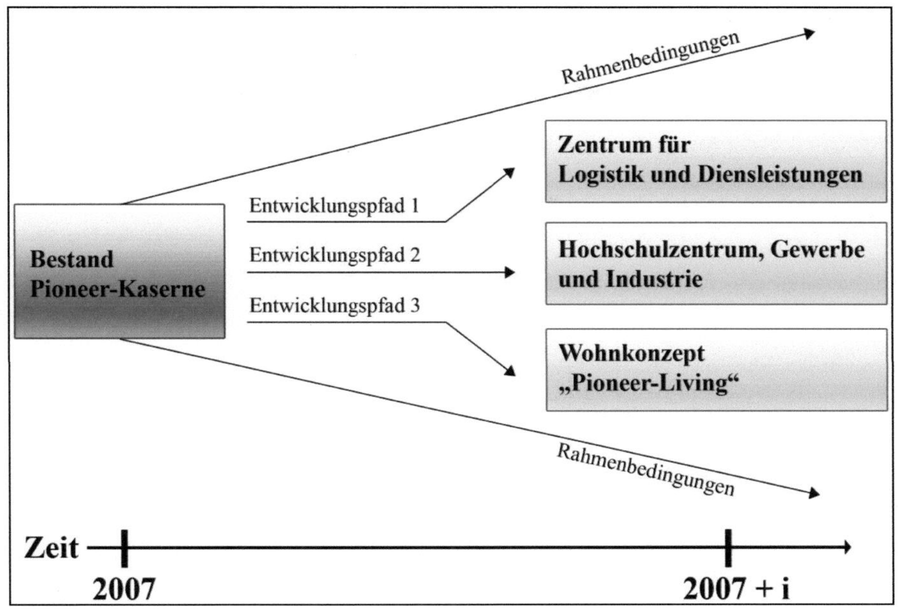

Abbildung 9-2: Schema der Alternativszenarien für die Pioneer Kaserne
Quelle: Eigene Darstellung, nach Vorlage von Scholles, 2004b, S. 208

Vor der Anwendung der Szenario-Technik wurde eine Bestandsanalyse des Plangebiets Pioneer Kaserne gemacht, die bei der Anwendung der Szenarien als Grundlage und Ausgangspunkt dient. Daraufhin wird jetzt im Folgenden, auf der Frage basierend, „was passiert, wenn diese oder jene Richtung eingeschlagen würde?" (Scholles, 2004b, S. 209), drei verschiedene Entwicklungsmöglichkeiten der Fläche aufgezeigt. Die Abbildung 9-2 skizziert die Anwendung der Szenarien-Entwicklung in dieser Diplomarbeit.

Im Folgenden werden drei verschiedene Szenarien dargestellt. Das erste Szenario beschreibt die Errichtung eines neuen Logistik- und Dienstleistungszentrums in Hanau. Logistik ist für viele Unternehmen in Hanau und Umgebung sehr wichtig. Eine Studie der Wirtschaftsförderung der Stadt Hanau über Hochtechnologie in Hanau beschreibt Logistik als Synergiebranche, die sich positiv für den Standort und die Region auswirken kann (vgl. Höweler/Reiche, 2007, S. 62). Hanau hat durch den Hafen sowie den Bahnanschluss und die Autobahnen gute Verkehrsanbindungen, die für die Ansiedlung von Logistikunternehmen sprechen. Des Weiteren werden der Main-Kinzig-Kreis und Hanau in einer Studie der Industrie- und Handelskammer Hanau-Gelnhausen-Schlüchtern als ernst zu nehmende logistische Supportregion beschrieben, die von der zentralen Lage in Deutschland und der günstigen Lage in der Metropolregion Frankfurt/Rhein-Main profitiert und deshalb große Wachstumschancen zu erwarten sind. Für viele Wirtschaftszweige vor Ort, wie beispielsweise Lebensmittelhandel, Möbelhandel oder Automobilzulieferindustrie, ist eine gute Logistik unverzichtbar.

Szenario 2 stellt die Errichtung eines naturnahen Hochschulzentrums am Rande der Auelandschaft Bulau sowie die Ansiedlung von Industrie und Gewerbe für kleine und mittlere Unternehmen dar. Ansässige Unternehmen in Hanau u. a. könnten, je nach Bedarf, entsprechende Fachkräfte vor Ort ausbilden. Heraeus beispielsweise sucht derzeit weltweit speziell ausgebildete Ingenieure im Bereich der Nanotechnologie. Des Weiteren könnten sich auf der Fläche, neben diversen Hochschulen, Unternehmen aus Industrie und Gewerbe ansiedeln. Existenzgründer aus dem Technologie- und Gründerzentrum im Siemens-Techno-Park in Hanau könnten sich beispielsweise dort ansiedeln und ihre Unternehmen aufbauen.

Das darauf folgende dritte Szenario „Pioneer-Living" beschreibt Wohnen direkt an der Auenlandschaft Bulau. Hanau liegt im Osten des Rhein-Main-Gebiets und könnte von Zuwanderungen in die Metropolregion sowie Zuzügen aus den benachbarten Großstädten Frankfurt und Offenbach profitieren. Diese Region wird auch in den kommenden Jahren aufgrund ihrer zentralen Lage in Deutschland und ihrem starken Wirtschaftswachstum bevorzugtes Ziel für Zuwanderer aus dem In- und Ausland bleiben. Besonders Hanau wird, aufgrund der bestehenden guten Verkehrsanbindungen und dem gegenüber Frankfurt besseren Preis-Leistungs-Verhältnis im Wohnungsmarkt, von weiterem Bevölkerungswachstum profitieren können. Das Hessische Ministerium für Wirtschaft, Verkehr und Landesentwicklung hat ein Projekt „Kommunales Wohnraumversorgungskonzept Main-Kinzig-Kreis" erstellen lassen. Die Wohnflächenversorgung pro Einwohner liegt in der Stadt Hanau (37,9 m^2) deutlich unter dem Landesdurchschnitt, der bei 41 m^2 pro Person liegt (Stand: Ende 2001) (Sautter, 2003, S. 37). Des Weiteren ist die Quote der Wohnungssuchenden in der Stadt Hanau mehr als doppelt so hoch wie in den übrigen Gemeinden des Main-Kinzig-Kreises. Die Wohnungslage im Bereich der preiswerten Wohnungen ist immer noch angespannt. Vor allem ausländische Mitbürger und alleinerziehende Mütter gehören zu den Wohnungssuchenden in der Innenstadt. Junge Paare und kinderreiche Familien sowie Aus- und Umsiedler suchen eher in den Umlandgemeinden und nicht in Hanau direkt nach Wohnungen (vgl. Sautter, 2003, S. 44).

In den folgenden Abschnitten werden die drei vorgestellten Szenarien weiter beleuchtet und genauer analysiert. Dabei wird immer wieder auf die SWOT-Analyse im Abschnitt 8.7 eingegangen.

9.3.1   Szenario 1: Hanau - neues Zentrum für Logistik und Dienstleistungen

Die Ansiedlung von Logistikunternehmen in der Stadt Hanau kann ein Leitprojekt und Aushängeschild für die Stadtentwicklung werden. Die IHK hat in einer Studie „Industriestandort Frankfurt/Rhein-Main" im Jahr 2005 hervorgehoben, dass insbesondere das Thema Logistik neu aufgegriffen werden sollte, da für die Region große wirtschaftliche Wachstumschancen zu erwarten seien (vgl. Freundt, 2006, S. 41). Zudem sind durch die Ansiedlung von Logistikunternehmen erhöhte Steuereinnahmen für die Stadt zu erwarten.

Im Folgenden werden Standortanforderungen für einen allgemeinen Logistikstandort erläutert und im Anschluss auf die Ansiedlung von Logistik auf dem Areal der Pioneer Kaserne eingegangen und ein entsprechendes Szenario entwickelt.

Ein wichtiger Faktor für die Ansiedlung von Logistikunternehmen ist die Verkehrsanbindung. Ferner ist eine günstige Lage in Deutschland von Vorteil. Die Ansiedlung an oder in der Nähe von Verkehrsknotenpunkten ist sinnvoll. Ziele sollen schnell und in kürzester Zeit erreicht werden. Jeder Ort in Deutschland ist flächendeckend innerhalb von 24 Stunden anzufahren. Eine mitteldeutsche Lage wie beispielsweise Hanau ist vorteilhaft. Des Weiteren müssen entsprechend große Flächen für die Ansiedlung von Logistikunternehmen zur Verfügung stehen und die Marktnähe muss gegeben sein. Eine entscheidende Voraussetzung für Logistikunternehmen ist ein problemlos möglicher 24-Stunden-Betrieb.

Die Ausgangspunkte für die Entwicklung eines Logistik- und Dienstleistungszentrums in Hanau sind positiv. Der Standort Hanau und insbesondere die Pioneer Kaserne haben einige Stärken aufzuweisen (siehe SWOT- Analyse in Abschnitt 8.7). Ein guter äußerer Faktor ist die Lage Hanaus in der Metropolregion Frankfurt/Rhein-Main und die geringe Entfernung zur Stadt Frankfurt selbst. Ferner ist die Nähe zum Frankfurter Flughafen, dem „Gateway to Europe", mit etwa 30 Autominuten gegeben. Hanau hat sehr gute regionale und überregionale Verkehrsanbindungen, sowohl für den motorisierten Individualverkehr (A 66/A 45) wie auch für den Schienen- und Schiffverkehr. Das Plangebiet der Pioneer Kaserne selbst hat sogar einen direkten Gleisanschluss. Ein innerer Qualitätsfaktor Hanaus ist das Angebot der vielen Freiflächen. Durch den Abzug der amerikanischen Truppen aus Hanau werden viele Kasernenflächen frei, die als neue Entwicklungsflächen zur Verfügung stehen und vermarktet werden können. Da die Gewerbesteuer in der Stadt Frankfurt am Main sehr hoch ist, könnte die Stadt Hanau die Gewerbesteuer so senken, dass sich die Firmen für den Standort Hanau interessieren und sich dort ansiedeln werden. Ferner brauchen die Arbeiter des neu entwickelten Dienstleistungszentrums Wohnbauflächen, die in Hanau beispielsweise auf den Konversionsflächen ausgewiesen und günstiger als in Frankfurt angeboten werden können.

Des Weiteren liegt das Plangebiet der Pioneer Kaserne am Rande der Stadt Hanau und direkt an das Grundstück grenzt keine lärmempfindliche Nachbarschaft. Ein 24-Stunden-Betrieb wäre möglich, ohne dass sich Anwohner gestört fühlen würden. Dies ist eine gute Chance für die Ansiedlung von Logistik auf dem Areal der Pioneer Kaserne (siehe SWOT- Analyse in Abschnitt 8.7).

Bei der Ansiedlung von Logistikunternehmen spielen in erster Linie interessierte Logistikunternehmen eine Rolle, die sich in Hanau ansiedeln wollen und neue Arbeiter sowie eventuell neue Bürger mit sich bringen. Außerdem sind verschiedenste Planer sowie diverse Politiker als Entscheidungsträger an diesem Planungsprozess beteiligt.

Dennoch sind auch Defizite und Schwächen des Standortes Pioneer Kaserne zu finden, die vor der Ansiedlung von Logistikunternehmen verbessert werden müssen. Eine schnelle Anbindung der Pioneer Kaserne an die Autobahn ist zwar gegeben, aber für das zu erwartende Verkehrsaufkommen könnte die äußere Verkehrserschließung noch besser ausgebaut werden. Ferner könnte der bestehende Gleisanschluss der Pioneer Kaserne bei Bedarf ausgebaut werden.

Der existierende Gebäudebestand ist nur bedingt für die Nachfolgenutzung als Logistikzentrum geeignet. Viele Gebäude müssen abgerissen oder umgebaut werden, wodurch ein hoher Investitionsaufwand entsteht, wie bereits in der SWOT- Analyse im oberen Abschnitt aufgeführt.

Die Zielsetzungen der Stadt Hanau sind bei der Entwicklung eines neuen Logistikzentrums unverkennbar. Auf langfristige Sicht will sich die Stadt weiter im regionalen Wettbewerb der Oberzentren in dieser Region behaupten.

Ferner muss sich Hanau dem internationalen Wirtschaftsmarkt durch solch ein Zentrum öffnen. Durch die bestehenden Verkehrsanbindungen hat die Stadt beste Voraussetzungen dafür. Um in Zukunft ein überdurchschnittliches Wirtschafts- und Beschäftigungswachstum zu erreichen und die Lebensqualität und Zukunftsfähigkeit zu sichern, sollte die Ansiedlung von Logistikunternehmen ein mittelfristiges Ziel der Stadt sein. Dabei sollte sich u. a. auf die Ansiedlung ausländischer Firmen, die sich auf dem europäischen Markt etablieren wollen, konzentriert werden. Eine interessante Zielgruppe wären beispielsweise die Chinesen. Deutschland und China sind Exportweltmeister und haben eine enge Verbindung zueinander. Der Markt Chinas ist einer der wichtigsten für Deutschland.

Das Logistikzentrum darf kein autonomes Gebiet werden und nicht in Konkurrenz zur Innenstadt stehen. Eine gute Verbindung und ein guter Austausch zwischen den zwei Zentren sind wichtig.

Gutes Marketing ist Grundlage dafür, dass solche Unternehmen überhaupt am Standort Pioneer Kaserne in Hanau interessiert sind. Des Weiteren ist ein guter Ausbau der Infrastruktur entscheidend, um das Interesse solcher Firmen zu wecken. Dies muss ein kurzfristiges Ziel der Stadt werden.

Die Umsetzung und Entwicklung dieses Szenarios bedarf verschiedener Maßnahmen. Zunächst muss die ausgewiesene Fläche der Pioneer Kaserne auf längere Zeit für die Unternehmer, die sich ansiedeln, garantiert sein. Des Weiteren muss das Wohnen abgesichert sein und ausreichend Wohnbauflächen für die Arbeiter der Logistikunternehmen ausgewiesen werden. Wie schon angesprochen muss die Infrastruktur an das höhere Verkehrsaufkommen angepasst werden. Ferner kann ein vorhabenbezogener Bebauungsplan von der Kommune aufgestellt werden. Um eine gute Verbindung und einen Austausch zwischen dem Logistikzentrum und der Innenstadt zu erreichen, wären der Aufbau eines Leitsystems durch Beschilderung und der Ausbau einer entsprechenden ÖPNV-Anbindung sinnvoll. Zudem könnte der Bekanntheitsgrad des Logistikzentrums durch Events wie z. B. einem Tag der offenen Tür erhöht werden.

Die Fläche der Pioneer Kaserne könnte bei der Verwirklichung des Logistik- und Dienstleistungsszenarios wie folgt entwickelt werden: Die vorderen Bürogebäude an der Aschaffenburger Straße können als Büroflächen weitergenutzt werden. Der Ausbau der Dachgeschosse in große Räume wäre denkbar. Dies hat den Vorteil, dass der Denkmalschutz eingehalten wird. Des Weiteren könnten im westlichen Bereich der Kaserne Gemeinschaftsräume eingerichtet werden, in denen sich die Arbeiter der verschiedenen Logistikunternehmen versammeln und austauschen können. Auch die Errichtung eines Motels für die Fahrer der Logistiktransporter wäre sinnvoll. Ebenso könnte ein großer Autohof entstehen. Die bestehende Kantine der amerikanischen Soldaten kann weiterhin als Kantine für die Arbeiter dienen.

Im mittleren Bereich der Kaserne könnten eine Waschstraße für die LKWs sowie Werkstätten gebaut werden. Ein Teil der Fläche soll als Grünfläche erhalten bleiben und könnte eventuell als kleine Parkanlage angelegt werden.

Einige Gebäude der Kaserne könnten bestehen bleiben und als Lagerräume genutzt werden. Der größte Teil muss jedoch abgerissen werden, da die bestehenden Gebäude zu klein und nicht für die Weiternutzung als Logistikhallen geeignet sind. Neue Lagerhallen genau nach Vorstellung der einzelnen Unternehmen und mit entsprechendem Ausbau können errichtet werden. Meist haben Logistikimmobilien im Allgemeinen folgende Anforderungen: einge-schossige Bauweise mit großen Dachspannweiten, Gebäudehöhen von 8 bis 14 Metern, einem geringen Büroflächenanteil von unter 20%, Andienung über Rampen und ausreichende Rangierflächen (vgl. Fraunhofer Institut, Materialfluss und Logistik, 2006, S. 15).

Eine attraktive Nutzungsart sei es, die Lagerhallen „just-in-time" vermietbar zu machen und die Kaserne in einen Mietpark umzuwandeln. Die Denkmalschutzfrage auf der Gesamtanlage ist jedoch ein Risiko der Pioneer-Anlage und erschwert die zukünftige Nutzung (siehe SWOT- Analyse in Abschnitt 8.7). Diese muss vorher unbedingt mit der Denkmalschutzbe-hörde abgeklärt werden, damit die Planung nicht behindert oder sogar verhindert wird.

Im Westen und Süden des Plangebiets muss bei der Ansiedlung von Logistikunternehmen jeweils eine Schallschutzwand gebaut werden. Im Westen grenzt direkt ein Gebiet mit Schrebergärten und im Süden die Pioneer-Housing-Area an, die nach Verlassen der amerika-nischen Soldaten eventuell zum Wohnen weitergenutzt werden wird.

Die jetzige Haupteinfahrt der Pioneer Kaserne kann als weitere Hauptzufahrt für das Logistik-zentrum erhalten bleiben. Der vorhandene Gleisanschluss könnte entsprechend ausgebaut und ein großer Umschlagplatz sowie entsprechende Stellplätze für Container errichtet werden.

Die Fläche, die für die Errichtung neuer Lagerhallen vorgesehen ist, sollte in Module aufge-teilt werden, damit die Unternehmen zunächst einen Bauabschnitt realisieren und bei Bedarf sukzessiv erweitern können. Eine Modulgröße von etwa 5.000 m² wäre beispielsweise für die Raiffeisen Waren-Zentrale Rhein-Main eG interessant. Die folgende Abbildung 9-3 zeigt den Rahmenplan für das Szenario Hanau – neues Zentrum für Logistik und Dienstleistungen in der Metropolregion Frankfurt/Rhein-Main:

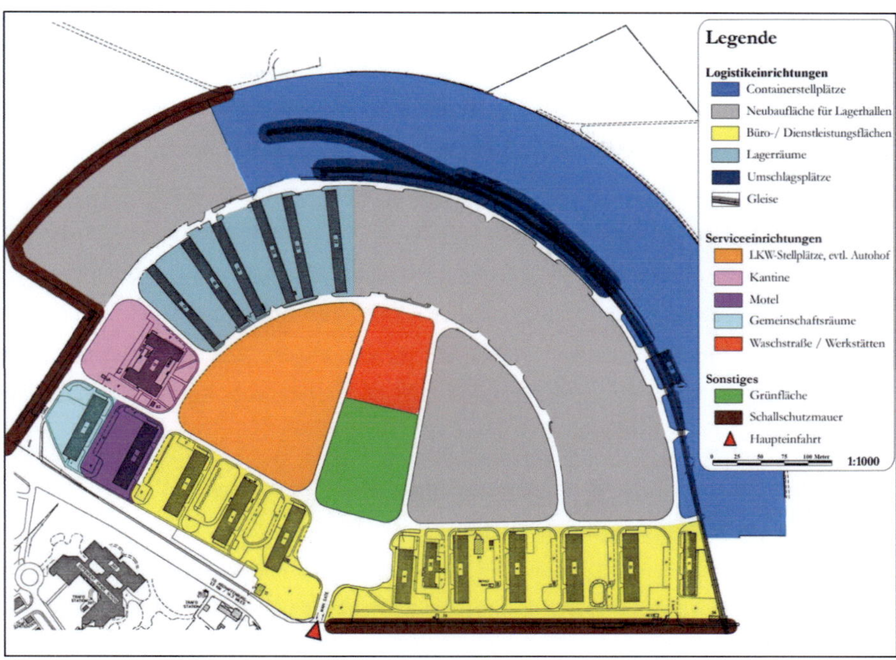

Abbildung 9-3: Szenario 1 – Zentrum für Logistik und Dienstleistungen
Quelle: Eigene Darstellung, auf Kartengrundlage von Hanau Military Community

9.3.2   Szenario 2: Naturnahes Hochschulzentrum sowie Gewerbe und Industrie für kleine und mittlere Unternehmen

Die Ansiedlung einer naturnahen universitären Bildungseinrichtung stärkt die Stadt Hanau weiter in ihrer oberzentralen Funktion. Eine auf die Hanauer Industrie spezialisierte Hochschule kann zu einem Aushängeschild für die Industrie Hanaus werden und diese stärken. Zur Realisierung einer staatlich getragenen (Fach-)Hochschulidee für Hanau hat die IHK in Hanau gemeinsam mit der FH Gießen-Friedberg ein duales Studienmodell namens "ISA", was für "Ingenieurstudium plus Ausbildung" steht, ins Leben gerufen, an welchem auch, Hanauer Betriebe beteiligt sind. Die Ansiedlung einer staatlichen Hochschule in Hanau ist eher undenkbar. Nach einer durchgeführten Marktanalyse ist die Versorgung durch Hochschulen für die Region Frankfurt/Rhein-Main abgedeckt. Das Land Hessen fördert den Aufbau einer weiteren Hochschule derzeit nicht.

Die allgemeine Ausgangslage für die Errichtung einer Hochschule in Hanau ist gut und die Forschungsnachfrage durch die ansässigen Industriebetriebe in Hanau gegeben. Es könnte eine private Hochschule errichtet werden, die in enger Verbundenheit mit den Unternehmen in Hanau forscht und zusammenarbeitet. Derzeit existiert bereits eine private Hochschule in Hanau, die Steinbeis-Hochschule mit dem Schwerpunkt der Außenwirtschaft. Das Studium dort ist wie ein Berufsakademie-Studium aufgebaut. Die Studenten bearbeiten Projekte in Vollzeit im Unternehmen und absolvieren gleichzeitig ein 24-monatiges Studium. Das Studium ist dadurch finanziert und ein späterer Arbeitsplatz mit großer Wahrscheinlichkeit bereits gegeben. Ein gutes Beispiel für eine unternehmenseigene Bildungseinrichtung zeigt die „Auto Uni" des Volkswagenkonzerns in Wolfsburg, in der Mitarbeiter und Mitarbeiterinnen des Konzerns stetig weitergebildet werden.

Ein wichtiger innerer Faktor ist die Lage des Plangebiets. Das Plangebiet Pioneer Kaserne, auf dem die Hochschule angesiedelt werden soll, hat sehr gute Verkehrsanbindungen. Des Weiteren ist das günstigere Flächenangebot als in Frankfurt am Main ein Faktor, der für die Ansiedlung einer Hochschule in Hanau spricht. Die Hochschule kann direkt an der Auenlandschaft Bulau angesiedelt werden und ist daher sehr naturnah. Ferner liegen Hanau und die Pioneer Kaserne im *Regionalpark Rhein-Main*[15]. Außerdem ist die Stadt an dem Projekt *Route der Industriekultur*[16] beteiligt. Die Pioneer Kaserne liegt direkt an der Route der Industriekultur und könnte in diese mit eingebunden werden. Teile der amerikanischen Kaserne könnten bestehen und als Denkmal für die Besatzungszeit der amerikanischen Streitkräfte in Hanau erhalten bleiben. Des Weiteren können sich industrielle und gewerbliche Betriebe auf der Fläche ansiedeln. Besonderes Augenmerk soll dabei auf die jungen Unter-

---

[15] Regionalpark Rhein-Main: Durch das Konzept sollen die noch vorhandenen Freiflächen zwischen den Siedlungen gesichert werden, indem Schritt für Schritt ein Netz aus reizvollen landschaftlichen Wegen und Flächen aufgebaut wird und zu dem Gesamtbild Regionalpark zusammengeführt wird. Der nachhaltige Umweltschutz soll mit der notwendigen wirtschaftlichen Weiterentwicklung in Einklang gebracht werden und Arbeits- und Lebensbedingungen weiter verbessert werden (Regionalpark Rhein-Main, 2007).

[16] Route der Industriekultur: Nur Wenige denken an das industriekulturelle Erbe, wenn sie den Begriff Region Frankfurt/Rhein-Main hören. Dabei gibt es in der Region zahlreiche bedeutende industrielle Unternehmen, die ihre Spuren hinterlassen haben, wie z. B. MAN Roland in Offenbach, Opel in Rüsselsheim oder Heraeus in Hanau. Die Route der Industriekultur ist ein Projekt, mit dem die Identität der Metropolregion Frankfurt/Rhein-Main und somit auch Hanaus mit ihrer bestehenden Industrie gestärkt werden soll. Alte bedeutende Industriebauten werden restauriert und umgenutzt. Ausflugstouren, Besichtigungen und Informationen vor Ort sollen dem Besucher regionale Zusammenhänge besser erklären und verdeutlichen (Route der Industriekultur Rhein-Main, 2007/Dreysse, 2007, S. 19).

nehmen aus dem Technologie- und Gründerzentrum (TGZ) im Siemens-Techno-Park in Hanau gelegt werden. Das TGZ fördert junge Unternehmer bis zu fünf Jahre, bevor sie, nach erfolgreichem Start, an einen anderen Standort in oder um Hanau umsiedeln.

Bei der Ansiedlung von Industrie und Gewerbe kleinerer und mittlerer Unternehmen und bei der Errichtung einer privaten Hochschule sind unterschiedlichste Akteure beteiligt. Eine entscheidende Rolle spielen die verschiedenen Planer und die Politiker als Entscheidungsträger. Des Weiteren müssen private Hochschulunternehmen und industrielle und gewerbliche Betriebe an der Fläche der Pioneer Kaserne interessiert sein und sich dort ansiedeln wollen.

Auch beim zweiten Szenario sind Schwächen zu nennen. Der existierende Gebäudebestand ist nur bedingt für die akademische, industrielle und gewerbliche Nutzung geeignet und müsste einigen Umbaumaßnahmen unterzogen werden. Die Aschaffenburger Straße, die im Süden an die Kasernenfläche angrenzt und die Eisenbahnlinie im Osten der Kaserne isolieren das Areal, wie aus der SWOT- Analyse in Abschnitt 8.7 hervorgeht. Eine Überlegung wäre, eine entsprechende Busverbindung einzurichten, die direkt durch das Gebiet der Pioneer Kaserne verläuft und den Studenten der Hochschule eine schnelle Anbindung an die Innenstadt Hanaus ermöglicht.

Entscheidend für die Errichtung einer Hochschule sind die Chancen und Potentiale, die darin stecken. In Hanau ist trotz der oberzentralen Funktion keine staatliche Hochschule angesiedelt. Durch die Ansiedlung einer Hochschuleinrichtung kann Hanau die oberzentrale Funktion weiter stärken und langfristig absichern. Des Weiteren gewinnt die Stadt auf langfristige Sicht an jungen qualifizierten Arbeitskräften. Zudem profitiert der Wirtschaftsstandort Hanau von der Ansiedlung neuer industrieller und gewerblicher Betriebe. Jedoch sollte beachtet werden, dass die Nachfrage nach Gewerbeimmobilien derzeit beschränkt ist, so das Ergebnis der SWOT-Analyse. Ferner wird die Umwelt, durch die Grünflächen auf der Anlage der Hochschule, nachhaltig geschützt. Die Ansiedlung von einer privaten Hochschule sowie industriellen und gewerblichen Betrieben sollte daher das mittelfristige Ziel der Stadt sein. Um dieses Ziel zu erreichen, sollte zunächst ein gutes Marketing des Standorts Pioneer Kaserne Ziel der Stadt werden, damit Unternehmen überhaupt Interesse an dem Standort wecken und sich vorstellen können, ihre Forschungseinrichtungen, ihre Industrie oder ihr Gewerbe dort anzusiedeln.

Die Fläche der Pioneer Kaserne könnte bei der Verwirklichung des Szenarios naturnahes Hochschulzentrum sowie Gewerbe und Industrie für kleine und mittlere Unternehmen wie folgt entwickelt werden: Es besteht die Möglichkeit einer Neuausrichtung der Nutzung unter überwiegender Beibehaltung des baulichen Charakters der Gesamtanlage der Pioneer Kaserne (siehe SWOT- Analyse im Abschnitt 8.7). Die vorderen derzeitigen Bürogebäude der amerikanischen Soldaten können in Studentenwohnungen umgebaut werden. Des Weiteren können die Büroräume als Fortbildungs- und Seminarräume der Hochschule weiter genutzt werden, die bestehende Kantine der Soldaten kann für die Studierenden als Mensa und Cafeteria dienen. Gegebenenfalls könnte dort auch ein kleines Einzelhandelsgeschäft für die Studierenden eingerichtet werden. Parkflächen für die Studierenden sind durch die derzeitigen Parkflächen der US-Armee vor den jeweiligen Gebäuden bereits gegeben.

Der mittlere Bereich der Kaserne soll in eine Sport- und Freizeitfläche umgestaltet werden. Die bereits bestehenden Sportanlagen der amerikanischen Soldaten wie beispielsweise der Baseball- oder Fußballplatz können erhalten bleiben und weitergenutzt werden. Die vorhandenen Hallen können in Labore und Forschungseinrichtungen umgebaut sowie durch industrielle und gewerbliche Betriebe weiter genutzt werden und erhalten bleiben. Im Westen der Kaserne könnte ein Teil der bisherigen Kasernenfläche den angrenzenden Schrebergärten als Erweiterungsfläche dienen. Ein Solarpark im Osten des Kasernenareals könnte zusätzliche Energie für die unterschiedlichen Einrichtungen liefern. Im Norden könnte eine direkt an die Auenlandschaft Bulau angrenzende Fläche renaturiert und der Natur zurückgeführt werden, wodurch das Arbeitsumfeld attraktiver gestaltet wird. Der bestehende Gleisanschluss mit Anschluss an das regionale und überregionale Bahnstreckennetz (siehe SWOT- Analyse im Abschnitt 8.7) sollte genutzt werden. Insgesamt werden bei diesem Szenario überwiegend die bestehenden Gebäude erhalten und der Denkmalschutz der Gesamtanlage Pioneer Kaserne geschützt.

Die Abbildung 9-4 zeigt den Rahmenplan für das Szenario naturnahes Hochschulzentrum sowie Gewerbe und Industrie für kleine und mittlere Unternehmen:

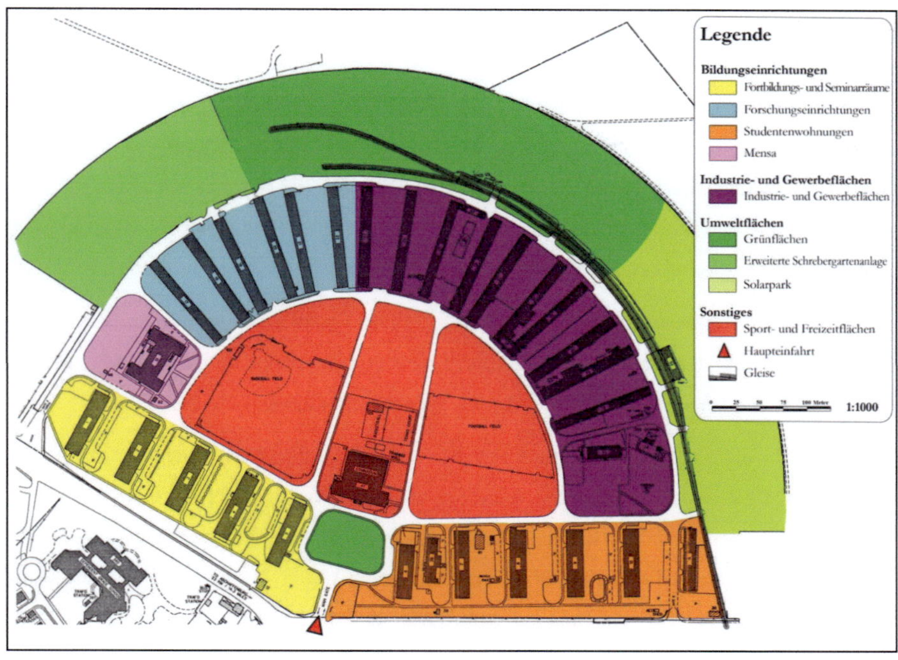

Abbildung 9-4: Szenario 2 – Hochschulzentrum, Gewerbe und Industrie

Quelle: Eigene Darstellung, auf Kartengrundlage von Hanau Military Community

9.3.3   Szenario 3: Wohnkonzept „Pioneer-Living"

Die Entwicklung des neuen Wohngebiets „Pioneer-Living" in der Stadt Hanau mit dem Schwerpunkt des höherwertigen Wohnens verbessert die Wohnqualität in der Stadt und deckt einen Teil dessen Bedarfs ab. Die Ausgangspunkte dafür sind positiv. Die Nähe zur Stadt Frankfurt und die Lage in der Metropolregion Frankfurt/Rhein-Main begünstigen die Zuwanderung in die Stadt. Zudem sind in den letzten Jahren viele Zuwanderer in den Vordertaunus und Taunus gezogen. Dieses Gebiet wird bald ausgelastet sein, so dass Wohnzuwächse im Main-Kinzig-Kreis und in Hanau sowie im Wetteraukreis zu erwarten sind. Des Weiteren wird im Rahmen der neuen Europäischen Zentralbank (EZB) im Osten des Stadtgebiets Frankfurt eine neue S-Bahn-Linie gebaut, die von der Frankfurter Innenstadt über die EZB bis nach Hanau führen und bis im Jahre 2015 fertig gestellt sein soll. Von Hanau aus benötigt man dann etwa 15 Minuten mit der S-Bahn zur Haltestelle EZB. Hanau käme gerade dann als interessanter Wohnort für die Angestellten der Europäischen Zentralbank in Frage. Neben diesen externen Faktoren gibt es auch interne Gegebenheiten, welche die Pioneer Kaserne als zukünftigen Wohnraum attraktiv machen. Die direkt angrenzende Auenlandschaft Bulau kann den Anwohnern des neuen Wohngebiets zur Naherholung dienen und ist eine Stärke der Pioneer Kaserne, so die SWOT- Analyse in Abschnitt 8.7. Ferner steigert die interessante Form des Kasernenareals dessen Attraktivität. Des Weiteren hat das neu entstehende Wohngebiet eine gute innerörtliche Erreichbarkeit so wie schnelle Anbindung an das regionale und überregionale Straßenverkehrsnetz (siehe SWOT- Analyse).

An dem neuen Wohnbauprojekt „Pioneer-Living" sind hauptsächlich Investoren und Bauunternehmen beteiligt, die die Finanzierung bzw. Umsetzung übernehmen. Des Weiteren spielen auch die verschiedenen Planer und Politiker als Entscheidungsträger eine große Rolle.

Im vorgestellten Szenario müssen auch Defizite und Schwächen berücksichtigt werden, die im Folgenden näher erläutert werden. Eine Schwäche, die auch in der SWOT- Analyse in Abschnitt 8.7 genannt wird, ist die starke Abgrenzung der Pioneer Kaserne durch die Aschaffenburger Straße im Süden und einer Eisenbahnlinie im Osten. Bei der Entwicklung eines Wohngebiets ist eine Gettoisierung zu befürchten, da das Kasernenareal keinen direkten Anschluss an ein weiteres Wohngebiet hat und ein autonomes Gebiet darstellt. Des Weiteren besteht die Gefahr zur Tendenz einer *Gated Community*[17]. Als weiteres Defizit ist die Einflugschneise des Frankfurter Flughafens zu nennen, die über die Stadt Hanau führt. Eine weitere Problematik, die bei der Entwicklung eines neuen Wohngebiets auf der Fläche der Pioneer Kaserne zu beachten ist, ist die europäische Seveso-II-Richtlinie. Diese besagt, dass zwischen potentiellen Störfallbetrieben und Wohngebieten ein bestimmter Abstand eingehalten werden muss. Eine genaue Erklärung zu dieser Richtlinie findet sich in Kapitel 8.6. Derzeit ist es fraglich, ob die Entwicklung eines neuen Wohngebiets aufgrund der neuen Seveso-II-Richtlinie überhaupt noch realisierbar ist.

Diese Richtlinie ist gegenwärtig in vielen hessischen Städten ein Problem für die zukünftige Stadtplanung, beispielsweise auch in Darmstadt. Dort wurde aber jetzt folgende Vereinbarung getroffen:

---

[17] Gated Community: Der Begriff beschreibt im Allgemeinen eine Siedlung der Ober- oder Mittelschicht, die räumlich abgegrenzt ist und durch diverse Sicherheitseinrichtungen und Absperrungen wie beispielsweise Zäune, Alarmanlagen, Kamerainstallationen und privaten Sicherheitsbeauftragten von der umgebenden Nachbarschaft separiert ist.

„Innerhalb so genannter Achtungsgrenzen dürfen nur Gebäude oder Einrichtungen ohne hohen Publikumsverkehr neu geplant werden und weitere Wohnbebauung darf ebenfalls nicht hinzukommen. Zudem haben beide Seiten einen so genannten Planungsbereich für gegenseitige Rücksichtnahme festgelegt."

Ferner wurde im Zuge der Verhandlungen „eine wolkenförmige Achtungsgrenze rund um das Werkgelände des Weltmarktführers für Flüssigkristalle" (da facto. Aktuelles aus dem Rathaus. Journal aus Darmstadt, 2007).gezogen. Über diese Grenze hinaus vereinbarten beide Seiten eine besondere Zone, den „Planungsbereich gegenseitiger Rücksichtnahme" (da facto. Aktuelles aus dem Rathaus. Journal aus Darmstadt, 2007).

Die Zielsetzungen der Stadt sind bei der Entwicklung eines neuen Wohnquartiers eindeutig. Langfristig soll auf der ehemaligen Kasernenfläche ein neues Wohngebiet mit gemischter Wohn- und Sozialstruktur entstehen und insbesondere der Schwerpunkt auf die Entwicklung von höherwertigem Wohnen gelegt werden, wodurch die Wohnqualität der Stadt Hanau weiter verbessert wird. Um dieses Ziel zu erreichen, muss zunächst das Image der Stadt Hanau und besonders des Stadtteiles Wolfgang verbessert werden, welches in der SWOT-Analyse in Abschnitt 8.7 als Risiko genannt wird. Der Osten des Rhein-Main-Gebiets und die Region Hanau hat ein relativ schlechtes Image. Historisch gesehen war der Standort Hanau schon immer ein Industrie- und Arbeiterstandort, an dem Leute aus einfachen Verhältnissen lebten. Später siedelte sich die US-Army in Hanau an, was ebenfalls zu keinem besseren Image führte. Besonders der Stadtteil Wolfgang in Hanau wird mit Industrie und amerikanischen Streitkräften verbunden, wird sogar von der Bevölkerung als „Amistadt" bezeichnet. Aus diesem Grund hat Hanau und besonders die Pioneer Kaserne begrenztes Nachfragepotential und es wird schwierig, die Stadt mit hochwertiger Wohnnutzung zu füllen.

Der Standort Francois-Gärten im Stadtteil Lamboy zeigt jedoch, dass trotz eines bestehenden negativen Images eine Chance vorhanden ist, ein höherwertiges Wohnquartier zu errichten. Die Francois-Gärten wurden im Rahmen der Landesgartenschau in Hanau umgebaut und erhielten dadurch ein positives Image.

Das mittelfristige Ziel der Stadt muss die Steigerung der Attraktivität der Pioneer Kaserne sein. Zunächst könnten auf der Fläche ein Markt oder Einzelhandel angesiedelt sowie ein schöner Park angelegt werden, damit Leute in das Areal kommen. Ist das Interesse geweckt, könnten im nächsten Schritt eine Schule und ein Kindergarten angesiedelt sowie Stück für Stück Wohnungen gebaut werden. Der wichtigste Faktor ist eine ständige Öffentlichkeitsarbeit, um das Wohnbauprojekt „Pioneer-Living" vorzustellen und bekannt zu mache, um ein neues positives Image aufzubauen. Die Entwicklung eines S-Bahn-Haltepunktes in kürzester Entfernung von der Pioneer Kaserne sowie die Errichtung einer International School oder eines Ganztags-Kindergartens könnten als Magnete dienen und Interessenten für exklusives Wohnen anlocken, beispielsweise Banker aus aller Welt. Das Areal der Pioneer Kaserne könnte bei dieser Entwicklung dann wie folgt konzeptioniert und gestaltet werden: Die bestehenden Bürogebäude an der stark befahrenen Aschaffenburger Straße könnten umgestaltet und durch Wohnen weitergenutzt werden. Dort könnten einfache Geschosswohnungen mit Mieterpotential im unteren Preissegment entstehen. Zugleich dienen sie als Abgrenzung zum Verkehr. Im hinteren Bereich des Areals mit exklusiver Lage direkt an der Auelandschaft könnten hochwertigere Wohneinheiten mit Eigentums- oder Doppelhäusern entwickelt und jedes Grundstück mit einem eigenen Garten angelegt werden. Zudem könnten im hinteren Abschnitt *Niedrigenergiehäuser*[18] gebaut werden. Die Toilettenanlagen könnten mit Regenwasser betrieben und auf den Dächern Solarzellen angebracht werden. Voraussetzung für ein umweltbewusstes Wohnen ist die Entsiegelung derzeit noch beton-versiegelter Flächen. Der Abriss vieler ehemals militärisch genutzter Gebäude muss vorher mit der Denkmalschutzbehörde abgeklärt werden, da die Gesamtanlage der Pioneer Kaserne unter Denkmalschutz steht. Die existierenden Lagerhallen der US-Army könnten modernisiert und in *Lofts*[19] umgebaut werden. Die Lagerhallen könnten zu Reihenhäusern aufgestockt und umgestaltet werden. Jedoch ist zu beachten, dass keines der vorhandenen Gebäude auf der Pioneer Kaserne unterkellert ist. Die derzeitigen Freiflächen vor den Lagerhallen können als Parkplätze für die Anwohner dienen. In der Mitte der Planfläche könnte ein großer Park mit Sport-, Spiel- und Freiflächen angelegt sowie Einkaufsmöglichkeiten eingerichtet werden. Die bestehende Turnhalle sowie das Theater der amerikanischen Soldaten könnten erhalten bleiben und weiter genutzt werden. Des Weiteren könnte in der ehemaligen US-Kantine ein Stadtteilzentrum eingerichtet werden. Ein gutes Beispiel dafür wurde auf dem ehemaligen Sixt-von-Armin-Kasernengelände in der Stadt Wetzlar durchgeführt. Dort wurden im Rahmen des Programms „Soziale Stadt" ein Stadtteilzentrum sowie ein Spielplatz und verschiedene Sportflächen und eine Sport-/Fun-Halle entwickelt und gefördert. Die bereitgestellten Objekte sollen sich

---

[18] Niedrigenergiehaus: Bei einem Niedrigenergiehaus liegt die Höchstgrenze des Heizwärmebedarfs bei 70 kWh/(m²a) (nach der seit 1. Februar 2002 in Deutschland geltenden Energieeinsparverordnung (EnEV)).

[19] Definition Loft: „Dachboden, Speicher, Lagerhaus, aus einer (oder mehreren) Etage(n) einer Fabrik, Lagerhalle oder Ähnlichem umgebaute Wohnung" (Meyers Lexikon Online, 2007).

fördernd auf die Integration der ausländischen und aus einkommensschwachen Familien stammenden Jugendlichen auswirken. Wichtig ist auch der Bau eines Kindergartens sowie einer Schule. Interessant wäre die Errichtung einer International School oder eines Ganztags-Kindergartens, die besonders für die Kinder von vollzeitbeschäftigten Eltern sinnvoll wären. Die ganztägige Betreuung wäre gewährleistet, während die Eltern arbeiten gehen.

Aufgrund des demographischen Wandels ist der Bau eines Seniorenheims sinnvoll. Die Bevölkerung in Deutschland wird immer älter und weiter schrumpfen, da die Geburtenrate abnimmt, die Lebenserwartung der Deutschen aber weiter steigt. Das Durchschnittsalter der Bevölkerung wird aufgrund der steigenden Lebenserwartung und der sinkenden Geburtenzahl von derzeit 41 Jahren auf ca. 48 Jahre in der nächsten Generation ansteigen. In 20 bis 30 Jahren werden dann mehr Menschen zwischen 60 und 80 Jahre alt sein als zwischen 20 und 40 (förderland, 2007). Aus diesem Grund werden immer mehr Einrichtungen für ältere Menschen benötigt.

Die Abbildung 9-5 zeigt abschließend den Rahmenplan für das Szenario Wohnkonzept „Pioneer-Living":

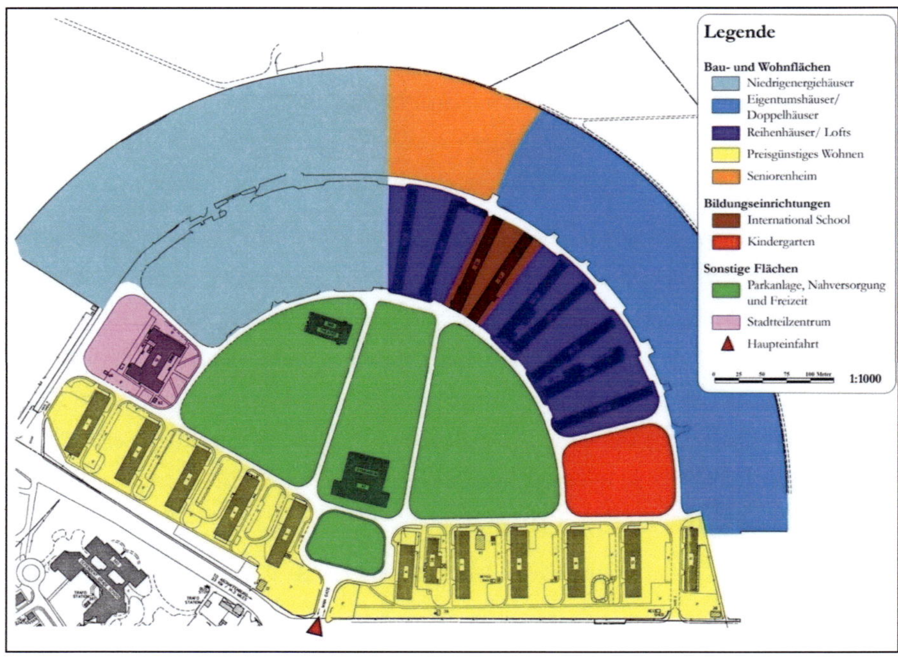

Abbildung 9-5: Szenario 3 – Wohnkonzept „Pioneer-Living"
Quelle: Eigene Darstellung, auf Kartengrundlage von Hanau Military Community

9.4 Zusammenfassung

Ein Szenario ist allgemein eine hypothetische Aufeinanderfolge von Ereignissen, die zur Betrachtung kausaler Zusammenhänge konstruiert wird. Anfänglich wurden sie in der militärischen Planung und in der Unternehmensplanung eingesetzt, gehören aber mittlerweile zu gängigen Methoden in der Stadtplanung. Sie bilden oft den ersten konzeptionellen Schritt und geben Ideen für die Weiterentwicklung in der Planung.

Dabei wird in normative und explorative Szenarien unterschieden. Zu den normativen Szenarien werden die Kontrastszenarien und die Strategie-Szenarien gezählt, zu den explorativen die Trend- und Alternativszenarien. In der Praxis sind die Übergänge der einzelnen Szenarien-Typen aber oft nicht klar abzugrenzen.

Bei der Szenarien-Methodik können komplizierte Entwicklungen und Zusammenhänge anschaulich dargestellt werden und ist somit auch für Leihen gut nachvollziehbar. Das

Denken in verschiedene Alternativen kann dabei helfen, die bevorstehenden Zukunftsaufgaben ruhig anzugehen und nicht unvorbereitet gegenüber unerwarteten Ereignissen ist. Nachteil der Methode ist, dass sie ziemlich zeit- und kostenaufwändig sein kann. Außerdem kann sie subjektive Werthaltungen beinhalten.

In der Arbeit werden mit dem Typ der Alternativszenarien folgende drei Szenarien dargestellt:

- Errichtung eines neuen Logistik- und Dienstleistungszentrums in Hanau

- Errichtung eines naturnahen Hochschulzentrums am Rande der Bulau sowie die Ansiedlung von Industrie und Gewerbe

- Wohnkonzept „Pioneer-Living"

10 Die Nutzwertanalyse

Im Anschluss an die Entwicklung verschiedener Alternativszenarien für das Plangebiet Pioneer Kaserne wird jetzt eine Nutzwertanalyse durchgeführt. Zunächst wird die Theorie dieser Methode erklärt. Daraufhin wird die Vorgehensweise bei der Nutzwertanalyse der ersten Generation, die in dieser Diplomarbeit angewendet wird, beschrieben und einige Kritikpunkte genannt. Abschließend wird die Nutzwertanalyse auf die drei im vorherigen Kapitel 9 beschriebenen Szenarien angewendet.

10.1 Theorie der Nutzwertanalyse

Die städtebauliche Planung nimmt in ihrer Komplexität mehr und mehr zu. Daher wird es für die Kommune und die Entscheidungsträger immer schwieriger, ihre Planungsaufgabe zu erfüllen und die Zusammenhänge einzelner Planungen zu verknüpfen sowie deren Auswirkungen abzuschätzen.

Die Nutzwertanalyse (NWA) ist eine Methode, die auf allen Ebenen der Raumplanung gerne angewendet wird, wenn es um die Bewertung und Auswahl von komplexen Handlungsalternativen geht (vgl. Deiters, 1986, S. 175). Sie wurde in den Vereinigten Staaten entwickelt und in den 1970er Jahren von Zangemeister in Deutschland verbreitet (vgl. Scholles, 2004a, S. 231). Zangemeister definiert die Nutzwertanalyse wie folgt:

> „Die Nutzwertanalyse ist eine Planungsmethode zur systematischen Entscheidungsvorbereitung bei der Auswahl von Projektalternativen. Sie analysiert eine Menge komplexer Handlungsalternativen mit dem Zweck, die einzelnen Alternativen entsprechend den Präferenzen des Entscheidungsträgers bezüglich eines mehrdimensionalen Zielsystems zu ordnen" (Zangemeister, 1971, S. 45).

Die NWA dient in der Planung als didaktisches Instrument, da sich die Entscheidungsträger mit der Methode und wie die Gewichtung vorgenommen wurde auseinandersetzen müssen. Dabei wird eine erste und zweite Generation der Nutzwertanalyse unterschieden. Die Nutzwertanalyse der ersten Generation wurde ursprünglich für die Systemtechnik entwickelt. Daher werden bei ihrer Anwendung strenge formale Voraussetzungen befolgt. Die Bewertungskriterien werden, anders wie bei der Nutzwertanalyse der zweiten Generation, kardinal skaliert, wobei die einzelnen Zielerfüllungsgraden unabhängig voneinander sein sollen, um so eine Mehrfachbewertung zu vermeiden. Ferner wird die Annahme vertreten, dass der Gesamtnutzen gleich der Summe der Teilnutzen ist (vgl. Goebels, 2000, S. 195). Ein Vorteil der Anwendung der Nutzwertanalyse der ersten Generation ist die strenge Formalisierung, wodurch Dritte die Vorgehensweise leichter nachvollziehen können und so Manipulationen vorgebeugt werden kann.

Die Nutzwertanalyse der zweiten Generation wurde im Jahre 1978 maßgeblich von Bechmann entwickelt. Er stellte zentrale Forderungen auf, die sich zur ersten Generation geändert haben. Die Zielerfüllungsgraden sind ordinal einzustufen. Bei der ordinalen Einstufung sind Vorstellungen über die Wertebeziehung zwischen den einzelnen Zielerfüllungsgeraden zu entwickeln, etwa durch einen paarweisen Vergleich oder das Bilden einer Rangfolge. Die Anzahl der Zielerträge sollte aus Gründen der Überschaubarkeit nicht mehr als zehn betragen. Alle vorgenommenen Einstufungen müssen als Wertung und nicht abstrakt über Rechnungen vorgenommen werden (vgl. Scholles, 2004a, S. 240ff).

Durch die Einführung der Ordinalskala entstehen zwangsläufig Informationsverluste. Es liegt eine implizite Wertung durch die Zuordnung von Kriterien zu Gruppen vor (vgl. Scholles, 2004a, S. 240ff). Die formelle Struktur der Nutzwertanalyse der zweiten Generation ist nicht so eindeutig, präzise und mechanistisch festgelegt wie die der ersten Generation. Dieser Vorteil ist zugleich auch ein Nachteil, denn die geringere Formalisierung stellt höhere Anforderungen an das bewertungstechnische Können des Anwenders. Des Weiteren werden in der Nutzwertanalyse der zweiten Generation „Tabu-Kriterien zur frühzeitigen Eliminierung von indiskutablen Alternativen" (Scholles, 2004a, S. 240) eingeführt und es gilt die Devise,,Keep it small and simple" (KISS-Forderung) (Scholles, 2004a, S. 240).

In dieser Diplomarbeit wird die Nutzwertanalyse der ersten Generation angewendet, da diese für Dritte leichter nachzuvollziehen ist als die der zweiten Generation. Die Wahl der Kriterien und deren Gewichtung werden dabei genau beschrieben und begründet und machen somit die Beurteilung transparent und verständlich. Diese Transparenz wird durch die kardinale Skalierung der Kriterien weiter unterstützt. Ferner werden die Hauptkriterien feiner in Unterkriterien auf gesplittet und nicht wie in der NWA der zweiten Generation in Gruppen aggregiert, wodurch Informationen verloren gehen können.

10.2 Vorgehensweise bei der Nutzwertanalyse der ersten Generation

Die Nutzwertanalyse lässt sich in folgende Arbeitsschritte zerlegen (vgl. Scholles, 2004a, S. 232/ Deiters, 1986, S. 175):

1. Genaue Definition des Problems.

2. Entsprechend der Problemstellung sind daraufhin die zu bewertenden Szenarien festzulegen.

3. Der folgende Schritt ist der wichtigste dieser Methode. Hier wird das Zielsystem konkretisiert und die Bewertungskriterien bestimmt, mit denen die zuvor ausgewählten Szenarien beschrieben werden sollen.

4. Daraufhin wird die Gewichtung vorgenommen. Nicht alle Kriterien sind gleichwichtig für den Gesamtnutzen. Daher werden sie in ein vorgegebenes Punktesystem aufgegliedert. In der Regel muss die Summer aller Gewichte 100 ergeben.

5. Im Folgenden werden die Zielerträge bestimmt. Hierbei wird für jedes Bewertungskriterium festgelegt, in welchem Maße es für das jeweilige Szenario erfüllt ist.

6. Um die gemessenen unterschiedlich dimensionierten Zielerträge der verschiedenen Kriterien aller Alternativen miteinander vergleichen zu können und später zu einem einheitlichen Nutzwert zusammenfassen zu können, müssen diese in Punktewerte umgewandelt werden, um sie z. B. auf einer 100-Punkte-Skala abbilden zu können. Es wird auch von Zielerfüllungsgrad gesprochen.

7. Im nächsten Schritt wird der Teilnutzwert N_{ij} eines jeden Kriteriums für das jeweilige Szenario ermittelt. Hierbei wird der jeweilige Zielerfüllungsgrad mit dem zugehörigen Gewicht multipliziert:

$$N_{ij} = K_{ij} \times g_j$$

mit: i = Index der Alternativen

        j = Index der Kriterien

        K_{ij} = Zielerfüllungsgrad für jedes Kriterium

        g_j = Zielgewicht

8. Der Gesamtnutzwert des jeweiligen Szenarios ergibt sich aus der Summe aller Teilnutzen. Dies wird auch als Wertsynthese bezeichnet. Dasjenige Szenario mit dem
   höchsten Gesamtnutzen wird als bestes Szenario ausgewählt.

Abbildung 10-1: Arbeitsschritte der Nutzwertanalyse der ersten Generation
Quelle: Eigene Darstellung, nach Vorlage von Scholles, 2004a, S. 232

10.3 Kritik an der Nutzwertanalyse

Die streng einzuhaltenden Voraussetzungen bei der Nutzwertanalyse der ersten Generation
bringen einige Kritikpunkte mit sich. Nicht bei jedem Fall kann auf kardinal skalierte Bewertungskriterien zurückgegriffen werden. In vielen Fällen fließen politische Entscheidungen in
die Beurteilung ein, die nominal skaliert sind. Werden diese trotzdem in der Nutzwertanalyse
als kardinale Daten behandelt, entsteht ein großer methodischer Fehler. Zudem ist die
geforderte Unabhängigkeit der Kriterien nicht mehr gewährleistet (vgl. Goebels, 2000, S.

196). Des Weiteren wird mit dieser Methode Wissenschaftlichkeit vorgetäuscht. Die Wahl der Bewertungskriterien für eine Problemstellung sowie die Bestimmung der Zielerträge und die Gewichtung erfolgen eher subjektiv und pseudogenau, anstatt fundiert und präzise. Häufig wird die Nutzwertanalyse auch als Instrument der Verschleierung bezeichnet. Es sind oft viele Dinge der Durchführung unklar. Daher sollte bei der Anwendung dieser Analyse die einzelnen Schritte immer beschrieben und Entscheidungen, wie beispielsweise die Wahl der Bewertungskriterien genau begründet werden.

Ein weiterer Kritikpunkt ist die Substitution der Teilnutzen. Ein Nutzen kann durch einen anderen Nutzen ersetzt werden. Der Nachteil einer hohen Lärmbelästigung wird beispielsweise durch den Vorteil einer guten ÖPNV-Anbindung aufgewogen.

Des Weiteren wird bei der Nutzwertanalyse ein komplexes Problem in Einzelbewertungen zerlegt, um beispielsweise Entscheidungsträger vor Überforderung zu schützen. Schwierigkeiten können entstehen, wenn das Gesamtproblem nur als die Summe seiner Einzelteile bewertet wird. „Ein Gebäude z. B. ist nicht deshalb schöner als ein anderes, weil Fenster, Türen, Mauerwerk jeweils für sich schön sind, sondern durch das Zusammenspiel aller Elemente" (Scholles, 2004a, S. 239). Ferner wird der Kostenfaktor bei der NWA in vielen Fällen ausgeklammert. Da die Nutzwertanalyse aber auf die Effektivität eines Projekts zielt, ist der Faktor Kosten ein entscheidendes Kriterium und sollte bei der Durchführung mit einbezogen werden (vgl. Scholles, 2004a, S. 236ff).

10.4 Anwendung der Nutzwertanalyse im Rahmen der Szenarienentwicklung

In der Stadt Hanau werden in nächster Zeit eine große Zahl amerikanischer Militärflächen frei, die einer Nachfolgenutzung zugeführt werden müssen. Im vorangehenden Kapitel 9 der Diplomarbeit sind drei verschiedene Szenarien für das Plangebiet der Pioneer Kaserne entwickelt worden, die als Folgenutzungen für diese Fläche in Frage kommen könnten. Darauf aufbauend wird in diesem Abschnitt eine Nutzwertanalyse durchgeführt, um den Gesamtnutzwert des jeweiligen Szenarios zu berechnen und die „best-case"-Nutzung herauszufinden und zu sehen, welchen Gesamtnutzwert das jeweilige Szenario für die Fläche bringt. Dabei werden die folgenden drei Szenarien betrachtet:

- Szenario 1: Zentrum für Logistik und Dienstleistungen

- Szenario 2: Hochschulzentrum, Gewerbe und Industrie

- Szenario 3: Wohnkonzept „Pioneer-Living"

Zunächst wird das Zielsystem aufgestellt und die folgenden Bewertungskriterien für die drei Szenarien festgelegt:

- Belastung Verkehrsanbindung

- Eignung der Gebäude für die Umnutzung

- Kosten

- Umwelt- und Außenverträglichkeit

- Schaffung von Arbeitsplätzen

- Einwohnerzuwachs

- Finanzeinnahmen der Kommune Hanau

- Konkurrenz zu anderen Standorten

- Seveso-II-Richtlinie

Mit der Auswahl der Kriterien sind alle, bei der Planung einer neuen Nachfolgenutzung, wichtigen Aspekte berücksichtigt worden. Entsprechend der Problemstellung des Zielsystems erfolgt anschließend die Gewichtung bzw. die Aufgliederung dieser Kriterien in die Punktesumme 100. Dabei setzt sich das Oberkriterium immer aus der Gewichtung der einzelnen Unterkriterien zusammen. Die Gewichtung der einzelnen Kriterien kann aus den Tabellen zur Nutzwertanalyse der einzelnen Szenarien entnommen werden.

Für die Stadt Hanau sind die Schaffung von Arbeitsplätzen, der Einwohnerzuwachs und die Finanzeinnahmen für die Stadtkasse wichtige Aspekte, weswegen diese drei um fünf Punkte stärker gewichtet worden sind als die übrigen ausgewählten Kriterien. Das Kriterium Seveso-II-Richtlinie wurde mit nur 5 Punkten in der Nutzwertanalyse am wenigsten berücksichtigt, da sich die Umsetzung dieser Richtlinie noch in der Entscheidungsphase befindet und noch nicht entschieden ist, in welcher Art und Weise diese Richtlinie im Fall Hanau angewendet wird.

Im Anschluss an die Gewichtung wurde die Erfüllung der Zielerträge bestimmt und abgewogen, in welchem Maße jedes Kriterium bei den unterschiedlichen Szenarien ausgeprägt ist.

120

Um die Zielerträge unterschiedlichster Einheiten (Lärmbelästigung in dB(A), Versiegelungsgrad in Prozent, Schaffung von Arbeitsplätzen in Arbeitsplatz-Anzahl,…) miteinander vergleichen zu können, werden diese dann im nächsten Schritt in Zielerfüllungsgrade umgeformt und auf eine Skala von 0 bis 100 umgewandelt:

Kriterium: Belastung Verkehrsanbindung

Bei der Ansiedlung von Logistikunternehmen muss mit einem stärkeren Verkehrsaufkommen und mit einer höheren Straßenauslastung, überwiegend durch Lastkraftwagen, gerechnet werden. Besonders betroffen ist die Anbindung an die Anschlussstelle Erlensee auf die A 66 (Aschaffenburger Straße), die im Bereich der Pioneer Kaserne bereits vierspurig ausgebaut ist. Eine Tabelle des Bundesamts für Güterverkehr zeigt stetiges Wachstum der Verkehrsleistungen. Die Verkehrsleistung in der Bundesrepublik Deutschland ist im Jahre 2004 gegenüber dem Jahr 2003 insgesamt um 5,9% angestiegen (Bundesamt für Güterverkehr, 2005, S. 4). Auf der anderen Seite würde bei der Umsetzung des Wohnkonzepts „Pioneer-Living" hauptsächlich der ÖPNV belastet werden, da viele Anwohner den ÖPNV nutzen, um zum Einkaufen in die Innenstadt zu fahren. Durch die Ansiedlung einer Hochschule sowie Gewerbe und Industrie werden sowohl der MIV wie auch der ÖPNV belastet. Vor allem die Studenten werden den ÖPNV nutzen, um damit u. a. mit der bereits vorhandenen Buslinie 6 in die Innenstadt oder von dort aus weiter an den Hauptbahnhof zu gelangen.

Kriterium: Eignung der Gebäude für die Umnutzung

Der Gebäudebestand auf dem Plangebiet der Pioneer Kaserne ist für die verschiedenen Szenarien unterschiedlich gut bzw. schlecht geeignet. Bei der Errichtung eines Zentrums für Logistik und Dienstleistungen sind die Gebäude nur bedingt geeignet. Es können einige bestehende Gebäude genutzt werden, der größte Teil jedoch muss für die Errichtung neuer Lagerhallen abgerissen werden. Dabei muss die Denkmalschutzfrage geklärt werden, da das gesamte Areal unter diesem steht. Auch bei der Entwicklung eines neuen Wohngebiets „Pioneer-Living" sind die Gebäude für die Nachfolgenutzung schlecht geeignet. Ein Teil der derzeit bestehenden Lagerhallen kann allerdings zu Lofts umgebaut werden. Des Weiteren können die Bürogebäude im vorderen Teil der Pioneer Kaserne als einfache Wohnungen im unteren Preissegment genutzt werden. Der Rest der vorhandenen Gebäude ist jedoch nicht weiter nutzbar und sollte für die Errichtung neuer Wohnhäuser abgerissen werden. Bei der Nachfolgenutzung durch eine Hochschule, Gewerbe und Industrie sind die bestehenden Gebäude zum größten Teil weiter nutzbar. Daher sind die Gebäude für die Umnutzung gut geeignet.

Kriterium: Kosten

Der Kostenfaktor wird bei der Nutzwertanalyse in den meisten Fällen ausgeklammert. Bei der Untersuchung einer Nachfolgenutzung für die Pioneer Kaserne ist er aber ein sehr wichtiger Faktor, der die Entscheidung der Umsetzung der Nachfolgenutzung maßgeblich beeinflusst und sollte daher unbedingt beachtet werden.

Bei allen drei Szenarien sind hohe Umbaukosten zu erwarten. Das Kriterium Eignung der Gebäude für die Umnutzung drückt indirekt schon die Umbaukosten aus. Je weniger die Gebäude für die Nachfolgenutzung geeignet sind, desto mehr Umbaumaßnahmen und Abrisse sind zu erwarten und umso höher werden die Investitionen. Hinzu kommt der für amerikanische Kasernen bekannte hohe Versiegelungsgrad. Viele Bodenbefestigungen müssen aufgebrochen werden, was zu weiteren Kosten führt. Ferner müssen die Altlasten auf der Fläche beseitigt werden, was hohe Kosten verursachen kann.

Nach dem Bau ist vor der Instandhaltung. Folgekosten fallen an, um die errichteten Gebäude in einem nutzbaren Zustand erhalten zu können bzw. nach längerem Stillstand wieder in einen nutzbaren Zustand zu versetzen. Dabei sind vor allem die Energie- und Heizkosten sowie die Instandhaltungskosten für den Besitzer ausschlaggebend. Aus diesem Grund wurden die Folgekosten bei Szenario 2 und 3 als hoch eingestuft, bei der Entwicklung eines Logistikzentrums fallen nur durchschnittliche Folgekosten an.

Kriterium: Umwelt- und Außenverträglichkeit

Integration in die Umgebung

Das Logistikzentrum integriert sich gut in die Umgebung. In der direkt angrenzenden Nachbarschaft sind kein Wohngebiet und keine Anwohner, die sich durch Lärm belästigt fühlen könnten. Ein 24-Stunden-Betrieb der Logistikunternehmen ist daher gut möglich.

Eine neue Wohnsiedlung auf der Fläche der Pioneer Kaserne integriert sich schlecht in die Umgebung. Die Auelandschaft Bulau grenzt zwar direkt an das Plangebiet und kann den Anwohnern als Naherholung dienen. Jedoch ist in der Umgebung der Pioneer Kaserne kein weiteres Wohngebiet, sondern nur Industrie und Gewerbe vorhanden. Bei der Ansiedlung sozialer Unterschichten besteht die Gefahr der Ghettoisierung des Wohngebiets Pioneer-Living.

Bodenbelastungen

Die Bodenbelastungen sind bei der Errichtung einer neuen Wohnsiedlung am geringsten. Bei der Ansiedlung eines Logistikzentrums können höhere Bodenbelastungen durch eventuelles

Auslaufen von Öl oder Benzin der Lastkraftwagen vorliegen, sind aber noch als gering einzustufen. Die höchsten Belastungen sind bei der Ansiedlung einer privaten Hochschule, die mit Gefahrenstoffen forscht, sowie bei entsprechendem Gewerbe und Industrie zu erwarten.

Lärmbelästigung

Das Minimum und Maximum des Unterkriteriums Lärmbelästigung wurde aufgrund der sechsten Allgemeinen Verwaltungsvorschrift zum Bundes-Immissionsschutzgesetzes, der Technischen Anleitung zum Schutz gegen Lärm, festgelegt. In Absatz 6 der Vorschrift werden die Immissionsrichtwerte für Immissionsorte außerhalb von Gebäuden festgelegt und betragen in Industriegebieten 70 dB(A), in Gewerbegebieten tags 65 dB(A) und nachts 50 dB(A) und in allgemeinen Wohngebieten tags 55 dB(A) und nachts 40 dB(A) (Deutscher Fluglärmdienst e.V., Mitglied in der Bundesvereinigung gegen Fluglärme e.V., 2007). Beim Vergleich der einzelnen Szenarien ist die höchste Lärmbelästigung bei einem Logistikzentrum, die geringste in einer Wohnsiedlung zu erwarten.

Abgasemissionen

Die Abgasemission ist durch das hohe Verkehrsaufkommen von LKWs bei einem Logistikzentrum am höchsten. Bei der Ansiedlung einer Hochschule, Gewerbe und Industrie wurde die Abgasemission als mittel eingestuft, die niedrigste Abgasemission ist bei der Ansiedlung eines neuen Wohngebiets zu erwarten und daher als gering einzustufen.

Versiegelungsgrad

Der Grad der Versiegelung der einzelnen Szenarien ist sehr gut auf den entworfenen Rahmenplänen in Kapitel 9 zu erkennen. Der höchste Versiegelungsgrad von 80% ist bei dem Szenario Logistikzentrum zu verzeichnen, bei dem Wohnkonzept „Pioneer-Living" ist die Fläche zu etwa 60% versiegelt. Den geringsten Versiegelungsgrad verzeichnet die Ansiedlung eines naturnahen Hochschulzentrums mit Gewerbe und Industrie. Der komplette hintere Bereich des Kasernenareals wird der Natur zurückgegeben. Neben der Entwicklung von Grünflächen wird ein Teil der Fläche zur Erweiterungsfläche der angrenzenden Schrebergärten ausgewiesen und ein Solarpark angelegt.

Kriterium: Schaffung von Arbeitsplätzen

Bei der Errichtung eines neuen Logistikzentrums werden viele Arbeitsstellen geschaffen, jedoch nur wenige qualitative Arbeitsplätze, die einen hohen Bildungsgrad voraussetzen. Im November 2005 waren 602.338 Personen im gewerblichen Güterkraftverkehr beschäftigt, darunter alleine 472.332 Fahrer (Bundesverband Güterkraftverkehr Logistik und Entsorgung

(BGL) e.V., 2007). Bei der Ansiedlung einer Hochschule sowie neuem Gewerbe und Industrie werden nicht nur neue quantitative Arbeitsplätze geschaffen, sondern auch qualitativ hochwertige Arbeitsplätze. Des Weiteren sind Arbeitsplätze einer Hochschule dauerhafter zu bewerten als die eines Logistikunternehmens.

An der Justus-Liebig-Universität in Gießen beispielsweise sind insgesamt 4.920 Personen beschäftigt, davon etwa 675 Beamte, einschließlich Gast- und Vertretungsprofessoren, 2.687 Angestellte sowie Teilzeitbeschäftigte oder ähnliche Beschäftigungsverhältnisse (Stand: 01.10.2007) (Justus-Liebig-Universität Gießen, 2007).Die Ansiedlung eines neuen Wohngebiets schafft kaum neue Arbeitsplätze, eventuell im Tätigkeitsfeld als Hausmeister oder ähnlichem.

Kriterium: Einwohnerzuwachs

Der stärkste Einwohnerzuwachs ist bei der Entwicklung des neuen Wohnquartiers „Pioneer-Living" zu erwarten, der geringste Zuwachs an Einwohnern ist bei der Ansiedlung von Logistikunternehmen anzunehmen (siehe Abschnitt 9.3.1).

Kriterium: Finanzeinnahmen der Kommune Hanau

Gewerbesteuer

Die Realsteuerhebesätze der hessischen Gemeinden mit mehr als 10.000 Einwohnern liegen zwischen 300 vH und 460 vH, die Stadt Hanau hat einen Hebesatz von 430 vH (Industrie- und Handelskammer Frankfurt am Main, 2007, S. 2). Die Gewerbesteuereinnahmen der Stadt Hanau sind bei der Entstehung eines neuen Logistikzentrums sehr hoch einzustufen. Auch bei der Entwicklung von neuem Gewerbe und Industrie in Szenario 2 ist mit hohen Gewerbesteuereinnahmen zu rechnen. Auf der anderen Seite wird die Kommune bei der Entwicklung des neuen Wohngebiets keine Gewerbesteuern einnehmen können.

Einkommenssteuer

Dieses Kriterium ist indirekt mit dem Kriterium Einwohnerzuwachs verbunden. Neue Bürger zahlen ihre Einkommenssteuer, was die Finanzeinnahmen der Kommune erhöht. Bei der direkten Gegenüberstellung der drei Szenarien ist festzustellen, dass bei der Entwicklung eines neuen Wohnquartiers hohe Einnahmen durch Einkommenssteuer zu erwarten sind. Bei den anderen beiden Szenarien sind mittlere Steuereinnahmen anzunehmen, da mit geringem Einwohnerzuwachs zu rechnen ist.

Erstwohnsitz-Zuschuss/ finanzieller Mehrwert

Die Stadt Hanau muss neue Bürger dazu bewegen, ihren Erstwohnsitz bei der Stadt anzumelden, da diese enorm davon profitiert. Pro Einwohner bekommen Kommunen zusätzliche Mittel aus dem kommunalen Finanzausgleich.

Daher ist bei dem dritten Szenario Wohnkonzept „Pioneer-Living" mit einem starken finanziellen Mehrwert für die Stadt Hanau zu rechnen, wenn viele der Anwohner ihren Erstwohnsitz bei der Stadt anmelden. Bei den anderen beiden Szenarien kann von einem mittleren finanziellen Mehrwert ausgegangen werden.

Kriterium: Konkurrenz zu anderen Standorten

In Kapitel sieben der Diplomarbeit werden mögliche Konkurrenzflächen des Plangebiets Pioneer Kaserne betrachtet. Für alle drei Szenarien existieren Konkurrenzflächen, auf denen die beschriebenen Szenarien ebenfalls entwickelt werden könnten (siehe Industrie- und Gewerbe- sowie Wohnbaugrundstückskarten A-1 und A-3 im Anhang). Die geringste Konkurrenz hat dabei die Entwicklung eines Logistikzentrums zu verzeichnen. Die besonders verkehrsgünstige Lage des Standortes sowie kein direkt angrenzendes Wohngebiet machen das Plangebiet für die Ansiedlung von Logistik interessant. Das Wohnszenario und die Ansiedlung von neuem Gewerbe und Industrie hingegen haben hohe Konkurrenz zu anderen Standorten. Diese Nutzungsmöglichkeiten sind auch gut auf anderen ausgewiesenen Flächen umsetzbar. Besonderes Augenmerk gilt dabei den weiteren vorhandenen Konversionsflächen, die großes Potential haben.

Kriterium: Seveso-II-Richtlinie

Dieses Kriterium ist ein *Tabu-Kriterium* bei der Entwicklung eines neuen Wohngebiets. Wenn das Regierungspräsidium in Darmstadt die Richtlinie so umsetzt wie in Kapitel 8.6 beschrieben, wird die Wohnnutzung auf der Pioneer Kaserne nicht möglich sein, weil die Abstände zu Störfallbetrieben in der näheren Umgebung nicht groß genug sind.

Die ermittelten Zielerfüllungsgrade der einzelnen Kriterien und Unterkriterien werden dann mit dem zu Beginn festgelegten Gewicht multipliziert. Das Ergebnis beschreibt den Nutzwert des jeweiligen Kriteriums. Zuletzt erfolgt die Aufsummierung der einzelnen Teilnutzen zum Gesamtnutzwert. Anschließend können die Gesamtnutzwerte der jeweiligen Szenarien geordnet und die beste Alternative festgestellt werden.

Den höchsten Gesamtnutzwert in der durchgeführten Nutzwertanalyse hat das Szenario 1: Zentrum für Logistik und Dienstleistungen mit 4.932,5. Das Szenario: Hochschulzentrum, Gewerbe und Industrie hat einen etwas geringeren Gesamtnutzwert von 4.381,5 und das Wohnkonzept „Pioneer-Living" den geringsten Gesamtnutzwert von 3.812,5. Die beste Nachfolgenutzung, aufgrund des höchsten Gesamtnutzwertes, ist die Entwicklung eines Logistik- und Dienstleistungszentrums. Die beste Zukunftsperspektive für das Plangebiet wäre, wenn sich die Fläche genauso entwickeln würde wie im Rahmenplan in Kapitel 9.3.1. dargestellt. Jedoch könnte das Plangebiet auch nur teilweise veräußert werden und einige Abschnitte oder Gebäude blieben dann leer stehen. Das ungünstigste Zukunftsbild, was eintreffen könnte, wäre das Brachfallen der Fläche und der Zerfall der Gebäude, wenn die geplante Nachfolgenutzung nicht umgesetzt werden kann. Für die Nachfolgenutzung als Logistik- und Dienstleistungszentrum sollte das Plangebiet der Pioneer Kaserne im RegFNP als Gewerbegebiet nach § 8 BauNVO (Bundesministerium der Justiz – juris, 2007f) ausgewiesen werden.

Abschließend stellen die folgenden drei Tabellen die Nutzwertanalyse zu dem jeweiligen Szenario dar:

Kriterien	Gewicht	Wert	Punkte	Nutzwert
Belastung Verkehrsanbindung[20]				
Belastung für MIV	5	sehr stark	0	0
Belastung für ÖPNV	5	leicht	75	375
Eignung der Gebäude für die Umnutzung[21]	10	bedingt	50	500
Kosten[22]				
Umbaukosten	5	hoch	25	125
Folgekosten	5	mittel	50	250
Umwelt- und Außenverträglichkeit				
Integration in die Umgebung[23]	1	gut	80	80
Bodenbelastungen[24]	2	mittel	50	100

---

[20]Maßstab: sehr stark: 0, stark: 25, mittel: 50, leicht: 75, sehr leicht: 100

[21] Maßstab: sehr gut: 100, gut: 75, bedingt: 50, schlecht: 25, sehr schlecht: 0

[22] Maßstab: sehr niedrig: 100, niedrig: 75, mittel: 50, hoch: 25, sehr hoch: 0

[23] Maßstab: sehr schlecht: 0, schlecht: 20, mittel: 50, gut: 80, sehr gut: 100

[24] Maßstab: sehr hoch: 0 , hoch: 25, mittel: 50, gering: 75, sehr gering: 100

Kriterien	Gewicht	Wert	Punkte	Nutzwert
Lärmbelästigung in dB(A)[25]	3	70	0	0
Abgasemissionen[26]	2	hoch	25	50
Versiegelungsgrad[27]	2	80%	20	40
Schaffung von Arbeitsplätzen[28]				
Quantität der Arbeitsplätze	7,5	> 100	100	750
Qualität der Arbeitsplätze	7,5	1-10	25	187,5
Einwohnerzuwachs[29]	15	mittel	50	750
Finanzeinnahmen der Kommune				
Gewerbesteuereinnahmen [30]	6	sehr hoch	100	600
Einnahmen Einkommenssteuer[31]	6	gering	25	150
Erstwohnsitz-Zuschuss/ finanzieller Mehrwert[32]	3	mittlerer	50	150
Konkurrenz zu anderen Standorten[33]	10	mittlere	50	500
Seveso-II-Richtlinie[34]	5	erfüllt	100	500
Gesamtnutzwert				**4.932,5**

Tabelle 10-1: Nutzwertanalyse zu Szenario 1
Quelle: Eigene Berechnung

Kriterien	Gewicht	Wert	Punkte	Nutzwert
Belastung Verkehrsanbindung[35]				
Belastung für MIV	5	mittel	50	250
Belastung für ÖPNV	5	stark	25	125

---

[25] Maßstab: Minimum: 40 dB (A), Maximum: 70 dB (A)

[26] Maßstab: sehr hoch: 0 , hoch: 25, mittel: 50, gering: 75, sehr gering: 100

[27] Maßstab: 100%: 0, 80%: 20, 60%: 40, 40%: 60, 20%: 80, 0%: 100

[28] Maßstab: 0: 0, 1-10: 25, 11-50: 50, 50-100: 75, > 100: 100

[29] Maßstab: sehr stark: 100, stark: 75, mittel: 50, gering: 25, keiner: 0

[30] Maßstab: sehr hoch: 100, hoch: 75, mittel: 50, niedrig: 25, keine: 0

[31] Maßstab: sehr hoch: 100, hoch: 75, mittel: 50, niedrig: 25, keine: 0

[32] Maßstab: kein: 0, mittlerer: 50, starker: 100

[33] Maßstab: hohe: 0, mitttlere: 50, keine: 100

[34] erfüllt: 100, nicht erfüllt (n.e.): 0

[35] Maßstab: sehr stark: 0, stark: 25, mittel: 50, leicht: 75, sehr leicht: 100

Eignung der Gebäude für die Umnutzung[36]	10	gut	75	750
Kosten[37]				
Umbaukosten	5	hoch	25	125
Folgekosten	5	hoch	25	125
Umwelt- und Außenverträglichkeit				
Integration in die Umgebung[38]	1	mittel	50	50
Bodenbelastungen[39]	2	hoch	25	50
Lärmbelästigung in dB(A)[40]	3	60	33	99
Abgasemissionen[41]	2	mittel	50	100
Versiegelungsgrad[42]	2	40%	60	120
Schaffung von Arbeitsplätzen[43]				
Quantität der Arbeitsplätze	7,5	50-100	75	562,5
Qualität der Arbeitsplätze	7,5	11-50	50	375
Einwohnerzuwachs[44]	15	mittel	50	750
Finanzeinnahmen der Kommune				
Gewerbesteuereinnahmen[45]	6	hoch	75	450
Einnahmen Einkommenssteuer[46]	6	mittel	50	300
Erstwohnsitz-Zuschuss/ finanzieller Mehr-wert[47]	3	mittlerer	50	150
Konkurrenz zu anderen Standorten[48]	10	hohe	0	0

---

[36] Maßstab: sehr gut: 100, gut: 75, bedingt: 50, schlecht: 25, sehr schlecht: 0

[37] Maßstab: sehr niedrig: 100, niedrig: 75, mittel: 50, hoch: 25, sehr hoch: 0

[38] Maßstab: sehr schlecht: 0, schlecht: 20, mittel: 50, gut: 80, sehr gut: 100

[39] Maßstab: sehr hoch: 0 , hoch: 25, mittel: 50, gering: 75, sehr gering: 100

[40] Maßstab: Minimum: 40 dB (A), Maximum: 70 dB (A)

[41] Maßstab: sehr hoch: 0 , hoch: 25, mittel: 50, gering: 75, sehr gering: 100

[42] Maßstab: 100%: 0, 80%: 20, 60%: 40, 40%: 60, 20%: 80, 0%: 100

[43] Maßstab: 0: 0, 1-10: 25, 11-50: 50, 50-100: 75, > 100: 100

[44] Maßstab: sehr stark: 100, stark: 75, mittel: 50, gering: 25, keiner: 0

[45] Maßstab: sehr hoch: 100, hoch: 75, mittel: 50, niedrig: 25, keine: 0

[46] Maßstab: sehr hoch: 100, hoch: 75, mittel: 50, niedrig: 25, keine: 0

[47] Maßstab: kein: 0, mittlerer: 50, starker: 100

[48] Maßstab: hohe: 0, mitttlere: 50, keine: 100

Seveso-II-Richtlinie[49]	5	n.e.	0	0
Gesamtnutzwert				**4.381,5**

Tabelle 10-2: Nutzwertanalyse zu Szenario 2
Quelle: Eigene Berechnung

Kriterien	Gewicht	Wert	Punkte	Nutzwert
Belastung Verkehrsanbindung[50]				
Belastung für MIV	5	leicht	75	375
Belastung für ÖPNV	5	stark	25	125
Eignung der Gebäude für die Umnutzung[51]	10	schlecht	25	250
Kosten[52]				
Umbaukosten	5	hoch	25	125
Folgekosten	5	hoch	25	125
Umwelt- und Außenverträglichkeit				
Integration in die Umgebung[53]	1	schlecht	20	20
Bodenbelastungen[54]	2	sehr gering	100	200
Lärmbelästigung in dB(A)[55]	3	40	100	300
Abgasemissionen[56]	2	gering	75	150
Versiegelungsgrad[57]	2	60%	40	80
Schaffung von Arbeitsplätzen[58]				
Quantität der Arbeitsplätze	7,5	1-10	25	187,5
Qualität der Arbeitsplätze	7,5	0	0	0

---

[49] erfüllt: 100, nicht erfüllt (n.e.): 0

[50] Maßstab: sehr stark: 0, stark: 25, mittel: 50, leicht: 75, sehr leicht: 100

[51] Maßstab: sehr gut: 100, gut: 75, bedingt: 50, schlecht: 25, sehr schlecht: 0

[52] Maßstab: sehr niedrig: 100, niedrig: 75, mittel: 50, hoch: 25, sehr hoch: 0

[53] Maßstab: sehr schlecht: 0, schlecht: 20, mittel: 50, gut: 80, sehr gut: 100

[54] Maßstab: sehr hoch: 0 , hoch: 25, mittel: 50, gering: 75, sehr gering: 100

[55] Maßstab: Minimum: 40 dB (A), Maximum: 70 dB (A)

[56] Maßstab: sehr hoch: 0 , hoch: 25, mittel: 50, gering: 75, sehr gering: 100

[57] Maßstab: 100%: 0, 80%: 20, 60%: 40, 40%: 60, 20%: 80, 0%: 100

[58] Maßstab: 0: 0, 1-10: 25, 11-50: 50, 50-100: 75, > 100: 100

Einwohnerzuwachs[59]	15	stark	75	1125
Finanzeinnahmen der Kommune				
Gewerbesteuereinnahmen [60]	6	keine	0	0
Einnahmen Einkommenssteuer[61]	6	hoch	75	450
Erstwohnsitz-Zuschuss/ finanzieller Mehr-wert[62]	3	stark	100	300
Konkurrenz zu anderen Standorten[63]	10	hohe	0	0
Seveso-II-Richtlinie[64]	5	n.e.	0	0
Gesamtnutzwert				**3.812,5**

Tabelle 10-3: Nutzwertanalyse zu Szenario 3
Quelle: Eigene Berechnung

10.5 Zusammenfassung

Die Nutzwertanalyse wurde in den Vereinigten Staaten entwickelt und in den 1970er Jahren von Zangemeister in Deutschland verbreitet. Sie ist eine Planungsmethode zur systematischen Entscheidungsvorbereitung bei der Auswahl von Projektalternativen. Sie analysiert eine Menge komplexer Handlungsalternativen mit dem Zweck, die einzelnen Alternativen entsprechend den Präferenzen des Entscheidungsträgers bezüglich eines mehrdimensionalen Zielsystems zu ordnen.

Dabei wird in eine erste und zweite Generation der Nutzwertanalyse unterschieden. Die Anwendung der Nutzwertanalyse der ersten Generation wurde ursprünglich für die Systemtechnik entwickelt und folgt strengen formalen Voraussetzungen. Des Weiteren werden die Zielerfüllungsgraden kardinal skaliert und sollen unabhängig voneinander sein, um eine Mehrfachbewertung zu vermeiden. Die Nutzwertanalyse der zweiten Generation wurde maßgeblich von Bechmann im Jahre 1978 entwickelt. Die Zielerfüllungsgraden werden ordinal eingestuft und so können Wertebeziehungen zwischen den einzelnen Zielerfüllungsgraden entwickelt werden. Sie können paarweise miteinander verglichen und in eine Rangfolge gebracht werden.

---

[59] Maßstab: sehr stark: 100, stark: 75, mittel: 50, gering: 25, keiner: 0

[60] Maßstab: sehr hoch: 100, hoch: 75, mittel: 50, niedrig: 25, keine: 0

[61] Maßstab: sehr hoch: 100, hoch: 75, mittel: 50, niedrig: 25, keine: 0

[62] Maßstab: kein: 0, mittlerer: 50, starker: 100

[63] Maßstab: hohe: 0, mitttlere: 50, keine: 100

[64] erfüllt: 100, nicht erfüllt (n.e.): 0

In dieser Diplomarbeit wird die Nutzwertanalyse der ersten Generation angewendet und der Gesamtnutzwert des jeweiligen Szenarios berechnet. Folgende Bewertungskriterien wurden für diese Nutzwertanalyse festgelegt:

- Belastung Verkehrsanbindung

- Eignung der Gebäude für die Umnutzung

- Kosten

- Umwelt- und Außenverträglichkeit

- Schaffung von Arbeitsplätzen

- Einwohnerzuwachs

- Finanzeinnahmen der Kommune Hanau

- Konkurrenz zu anderen Standorten

- Seveso-II-Richtlinie

Das Ergebnis der Nutzwertanalyse besagt, dass von den drei dargestellten Szenarien im vorherigen Kapitel, die Entwicklung eines neuen Logistik- und Dienstleistungszentrum aufgrund des höchsten Gesamtnutzwerts die beste Nachfolgenutzungsalternative für das Plangebiet der Pioneer Kaserne ist. Die Entwicklung des neuen Wohngebiets „Pioneer-Living" hat den niedrigsten Gesamtnutzwert bekommen.

11 Handlungsempfehlungen für die Stadt Hanau

Die Stadt Hanau befindet sich derzeit am Anfang des Konversionsprozesses, noch in der Orientierungsphase, aber bereits im Übergang zur Konzeptionierungsphase (siehe Kapitel 2.7).

Derzeit stellt der Planungsverband Ballungsraum Frankfurt/Rhein-Main einen regionalen Flächennutzungsplan für 75 Kommunen, insbesondere Hanau, auf. Das Plangebiet Pioneer Kaserne ist, wie in Kapitel 8.5 gezeigt, größtenteils als Wohnbaufläche ausgewiesen. Nur der vordere Abschnitt der Kaserne an der Aschaffenburger Straße ist als gemischte Baufläche deklariert. Im Verwaltungsentwurf der Stellungnahme Hanaus zum regionalen FNP vom Juli 2007 wird aber vorgeschlagen, das gesamte Areal der Pioneer Kaserne als Mischbaufläche auszuweisen. Eine endgültige Entscheidung ist noch abzuwarten, vor allem aufgrund der Seveso-II-Richtlinie (siehe Kapitel 8.6). Spätestens in der zweiten Offenlage sollte die Problematik mit dieser Richtlinie geklärt sein (vgl. Planungsverband Ballungsraum Frankfurt/Rhein-Main, 2006c) und die endgültige Siedlungsstruktur für die Pioneer Kaserne festgelegt werden. Die Stadt Hanau sollte auch erst dann mit der Aufstellung des Bebauungsplans (siehe Kapitel 4.1.2) für dieses Plangebiet beginnen.

Der Konversionsprozess ist in der Stadt Hanau bereits vorangetrieben. Die Industrie- und Handelskammer Hanau-Gelnhausen-Schlüchtern hat einen *Arbeitskreis Konversion* eingerichtet, durch den alle Akteure zusammengebracht werden sollen. Dadurch soll die *interkommunale Zusammenarbeit* aller, von der Konversion betroffener Kommunen im Main-Kinzig-Kreis (Hanau, Gelnhausen, Bruchköbel, Erlensee) gefördert werden. Die zweite Sitzung dieses Arbeitskreises fand Ende Oktober 2007 in Gelnhausen statt und endete mit folgendem Ergebnis:

> „Nur wenn wir uns gegenseitig informieren und uns wechselseitig bei unseren Planungen abstimmen, und wenn der Bund als Eigentümer der Flächen mitspielt sowie die Belange der Wirtschaft nicht außen vor bleiben, dann kann die Konversion gelingen" (Gelnhäuser Tagesblatt, 03.11.2007).

Des Weiteren wird entsprechend der Beschlussfassung der Stadtverordnetenversammlung vom 03.09.2007 die *BAUProjekt Hanau GmbH* Dienstleister für Stadtentwicklungsfragen, somit auch für das Thema Konversion. Derzeit wird geprüft, ob gemeinsam mit einem strategischen Partner eine Konversionsentwicklungsgesellschaft gegründet werden soll.

Ein unveröffentlichtes Gutachten zur „Bewertung einer Folgenutzung freiwerdender Militärflächen in Hanau" von Dr. Stefan Dräger & Thielmann PartG nennt einige weitere Empfehlungen für das Vorgehen. Zunächst sollte ein rechtsverbindliches Leitbild zur langfristigen Entwicklung der Stadt Hanau entwickelt werden (vgl. Dräger & Thielmann PartG, 2006, S. 120). Dabei kann an das Konzept „Leitbilder der Stadtentwicklung Hanau", welches in Kapitel 5 genauer beschrieben wird, angeknüpft werden. Parallel zur städtebaulichen Rahmenplanung ist eine entsprechende frühzeitige Öffentlichkeitsarbeit sowie die frühzeitige Einbindung lokaler Schlüsselpersonen und die Überzeugung politischer Entscheidungsträger zur Schaffung politischer Rückendeckung in der weiteren Planung wichtig (vgl. Dräger & Thielmann PartG, 2006, S. 122). Es können zielorientierte Beteiligungsforen geschaffen und Informationsabende für Bürger organisiert werden. Dadurch kann schon das Interesse von verschiedenen Investoren geweckt werden. Darauf aufbauend sollte ein Masterplan erstellt werden (vgl. Dräger & Thielmann PartG, 2006, S. 121).

Eines der Hauptprobleme der Stadtentwicklung Hanaus ist die neue *Seveso-II-Richtlinie*. Die Stadt muss sich bemühen, eine Anwendung dieser Richtlinie zu erreichen, welche die langfristige Stadtentwicklung sicherstellt und nicht behindert.

Ferner sollte die Stadt Hanau versuchen, eines der in Kapitel 9 beschriebenen Szenarios zügig umzusetzen und die Gebäude auf dem Plangebiet nicht so lange leer stehen zu lassen. Werden die Gebäude jährlich nicht entsprechend instand gehalten, verfallen sie mit der Zeit und können erst wieder durch hohe Renovierungskosten nutzbar gemacht werden. Ist die baldige Umsetzung eines der Szenarien nicht möglich, sollte die Stadt über *Zwischennutzungen* (siehe Kapitel 2.9.5) der Gebäude nachdenken. Entscheidend ist, dass der Planungsprozess nicht stockt oder sogar still steht.

Die Stadt sollte aber auch nicht vorschnell handeln, sondern zunächst ein gesamtstädtisches Konzept erarbeiten, die Ausweisung einzelner Flächen im Stadtgebiet untereinander abstimmen und deren gegenseitige Konkurrenz vermeiden (siehe Kapitel 7). Für jede Liegenschaft sollte aufgrund ihrer Besonderheit eine individuelle Lösung gefunden und entsprechende Rahmenpläne entwickelt werden. Dabei sollte die „nachhaltige Projektentwicklung, anstatt eine Flächenentwicklung um jeden Preis" (Industrie- und Handelskammer Hanau-Gelnhausen-Schlüchtern, 2007) im Vordergrund stehen und auch die Problematik des demographischen Wandels sowie Stadtumbau-Programme berücksichtigt werden.

Die *Vermarktung* des Plangebiets Pioneer Kaserne durch eine Public-Private-Partnership-Finanzierung (siehe Kapitel 2.9) wäre wünschenswert, da dadurch die Entwicklung unter Beteiligung der Kommune garantiert ist (vgl. Industrie- und Handelskammer Hanau-Gelnhausen-Schlüchtern, 2007). Der städtebauliche Vertrag (siehe Kapitel 4.1.3) ist ein Instrument, welches hierbei eingesetzt werden könnte. Beispielsweise hat die Stadt Kassel bei deren Anwendung sehr positive Erfahrungen gemacht und dadurch die Finanzierung des jeweiligen Konversionsprojekts abgesichert (siehe Kapitel 2.6).

Bei einem anderen denkbaren Verwertungsmodell bleibt der Bund weiterhin Eigentümer der Fläche und entwickelt bzw. vermarktet gemeinsam mit der Kommune (siehe Kapitel 2.9). Dabei trägt der Bund die Entwicklungskosten und die Kommune steuert den Planungsprozess. Erfahrungsgemäß kommt es aber oft zu langen Verhandlungen zwischen Bund und Kommune, wodurch die Planung gebremst wird. Der Bund muss flexibel handeln und sich finanziell bei den Konversionsprojekten beteiligen, damit dieses Verwertungsmodell funktioniert. Wichtig dabei ist eine gute Vermarktung der Liegenschaften, um das Interesse privater Investoren zu wecken und potentielle Investoren für die Flächen zu finden. Entscheidend für diese Investoren ist, dass ihnen die Kommune Planungs- und Versorgungssicherheit garantieren kann.

Besonders hilfreich kann auch der Blick auf die Vorgehensweise und Umsetzung anderer Städte sein (siehe Kapitel 2.6), wodurch wichtige Erkenntnisse für die eigene Entwicklung abgeleitet werden können. Des Weiteren kann Hanau auf eigene Erfahrungen mit dem Kasernengebiet Lamboy und den Francois-Gärten zurückgreifen, die im Rahmen der Landesgartenschau im Jahre 2002 positiv entwickelt wurden und wo sich heute u. a. das Technische Rathaus befindet.

Erfahrungen bei anderen Konversionsprojekten haben gezeigt, dass der Konversionsprozess etwa zehn Jahre beträgt. Konversion ist also ein langwieriger Prozess, bei dem Erfolge nur zu verzeichnen sind, wenn die Kommunen von Anfang an ein gut durchdachtes Planungskonzept entwickeln, Ausdauer beweisen und nicht auf schnelle Erfolge fixiert sind.

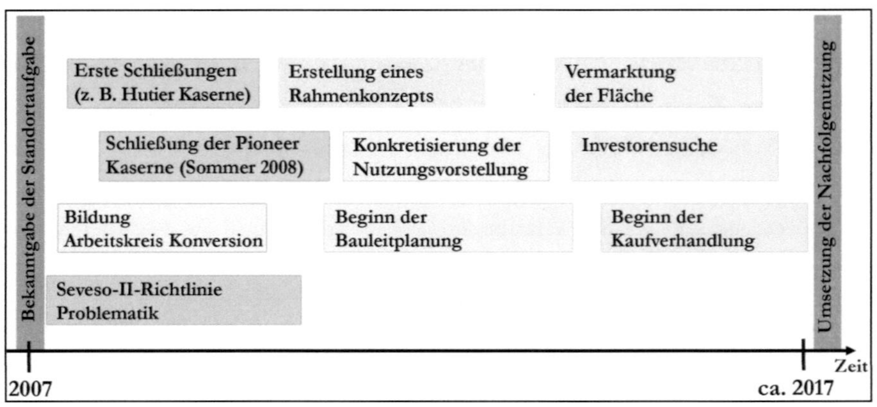

Abbildung 11-1: Ablauf des Konversionsprozesses in der Stadt Hanau
Quelle: Eigene Darstellung

11.1 Zusammenfassung

Hanau befindet sich derzeit noch am Anfang des Konversionsprozesses, hat aber bereits erste Schritte in die Wege geleitet. Die Industrie- und Handelskammer Hanau-Gelnhausen-Schlüchtern hat einen Arbeitskreis Konversion eingerichtet, durch den alle Akteure zusammengebracht und ihre Zusammenarbeit gefördert werden soll. Des Weiteren ist die BAUProjekt Hanau GmbH Dienstleister für Stadtentwicklungsfragen, also auch für die Konversionsprojekte.

Ein unveröffentlichtes Gutachten zur „Bewertung einer Folgenutzung freiwerdender Militärflächen in Hanau" von Dr. Dräger & Thielmann PartG nennt einige weitere Empfehlungen für das Vorgehen, u. a. die Entwicklung eines rechtsverbindlichen Leitbildes zur langfristigen Entwicklung der Stadt, entsprechende frühzeitige Öffentlichkeitsarbeit sowie die frühzeitige Einbindung lokaler Entscheidungsträger.

Das Plangebiet Pioneer Kaserne ist im derzeitigen Entwurf des regionalen Flächennutzungsplans als Wohn- und Mischbaufläche ausgewiesen. Im Verwaltungsentwurf der Stellungnahme Hanaus zum regionalen FNP vom Juli 2007 wird aber nun vorgeschlagen, das gesamte Areal der Pioneer Kaserne als Mischbaufläche auszuweisen, eine endgültige Entscheidung ist aber noch abzuwarten. Daher sollte die Stadt auch noch nicht mit der Aufstellung des Bebauungsplans beginnen.

Wichtig ist, dass die Stadt versucht, eine der in Kapitel 9 beschriebenen Nachfolgenutzungsalternativen zügig umzusetzen und einen Leerstand verhindert. Gegebenenfalls ist über eine Zwischennutzung der Gebäude nachzudenken. Dabei sollte die nachhaltige Projektentwicklung immer im Vordergrund stehen.

Ein interessantes Verwertungsmodell wäre die Public-Private-Partnership-Finanzierung, beispielsweise durch einen städtebaulichen Vertrag, bei der die Kommune an der Entwicklung beteiligt ist. Bei einem anderen denkbaren Modell bleibt der Bund weiterhin Eigentümer der Fläche und entwickelt bzw. vermarktet gemeinsam mit der Kommune.

Besonders hilfreich für die Konversionsentwicklung kann der Blick auf die Vorgehensweise und Umsetzung anderer Städte sein. Die Stadt Hanau kann auf die eigenen Erfahrungen mit dem Kasernengebiet Lamboy zurückgreifen.

Konversion ist ein langwieriger Prozess, bei dem kurzfristigen nicht mit Erfolgen zu rechnen ist.

12 Fazit

Ziel dieser Arbeit war es, geeignete Nachfolgenutzungen für die im Sommer 2008 freiwerdende militärische Fläche der Pioneer Kaserne zu finden. Für diesen Zweck wurden zunächst mögliche Konkurrenzflächen betrachtet. Dabei wurde festgestellt, dass bereits ausgewiesene Industrie- und Gewerbeflächen Konkurrenz für die Entwicklung eines neuen Logistik- und Dienstleistungszentrums sowie für die Entwicklung von Gewerbe und Industrie auf dem Areal der Pioneer Kaserne bilden können. Des Weiteren können ausgewiesene Wohnbauflächen in der Stadt Hanau in Konkurrenz zu dem Szenario Wohnkonzept „Pioneer-Living" stehen. Daher ist es wichtig, dass die Stadt bei einem neuen Projekts gesamtstädtisch plant, immer alle ausgewiesenen Flächen in der Stadt betrachtet und entscheidet, an welchem Standort das neue Bauprojekt am besten umgesetzt werden kann. Ein besonderes Augenmerk ist auch auf die interkommunale Zusammenarbeit mit den Nachbarkommunen zu legen.

Im Anschluss dieser Feststellung wurde nach kurzer Bestandsaufnahme des Plangebiets auf die Leitfrage eingegangen, welche Nachfolgenutzungsarten für das Plangebiet in Frage kommen können. Das Ergebnis sind die folgenden drei Alternativen:

- Neues Zentrum für Logistik und Dienstleistungen

- Einrichtung einer Hochschule, Gewerbe und Industrie

- Neues Wohnkonzept „Pioneer-Living"

Danach wurden diverse Kriterien festgelegt, um mit Hilfe einer Nutzwertanalyse herauszukristallisieren, welche Nutzung für die Fläche der Pioneer Kaserne am besten geeignet ist:

- Belastung Verkehrsanbindung

- Eignung der Gebäude für die Umnutzung

- Kosten

- Umwelt- und Außenverträglichkeit

- Schaffung von Arbeitsplätzen

- Einwohnerzuwachs

- Finanzeinnahmen der Kommune Hanau

- Konkurrenz zu anderen Standorten

- Seveso-II-Richtlinie

Die Durchführung der Nutzwertanalyse hat ergeben, dass die beste Nachfolgenutzung die Entwicklung eines Logistik- und Dienstleistungszentrums ist, da dieses Szenario den höchsten Gesamtnutzwert bei den Berechnungen der Nutzwertanalyse erreicht hat.

Abschließend werden der Stadt Hanau verschiedene Handlungsempfehlungen für ihr weiteres Vorgehen gegeben. Wichtig ist eine zügige Planungsrealisierung. Leerstände sollten verhindert und eine Zwischennutzung der Gebäude in Betracht gezogen werden. Die nachhaltige Projektentwicklung sollte dabei immer im Vordergrund stehen.

Die anfangs entwickelten Leitfragen ließen sich im Laufe der Diplomarbeit somit vollständig beantworten und die Zielsetzung wurde erreicht.

Die Diplomarbeit dient als *Diskussions- und Handlungsgrundlage* für die Stadt Hanau und gibt erste Ideen für die Weiterentwicklung des Areals der Pioneer Kaserne. Die spätere Nutzungsfindung kann unterstützt und erleichtert werden. Die Stadt könnte auf Grundlage dieser Arbeit selbst Rahmenpläne für das Plangebiet und auch für die anderen Konversionsflächen in der Stadt erstellen, um sich rechtzeitig auf das Freiwerden der Militärflächen vorzubereiten.

Bei einer gut durchdachten, vorausschauenden Planung und einer interkommunalen Zusammenarbeit haben der Wirtschaftsraum Hanau sowie der Main-Kinzig-Kreis gute Chancen für eine positive Entwicklung des Konversionsprozesses und können wirtschaftlich weiter wachsen.

12.1 Summary

The ambition of this degree dissertation was to find an appropriate future utilisation of the military area of the Pioneer Barracks in Hanau which will become vacant in the summer of 2008.

For these purposes possible competitive areas were considered at first. As a result the existing industrial real estates might complicate the development of a new centre for logistics and invisibles as well as the settling of industry on the area of the Pioneer Barracks.

Furthermore declared residential building areas in Hanau might compete with the scenario Residential Concept: "Pioneer-Living".

Therefore it is important that the city considers all spaces and that it includes the complete city area in its planning. Hanau has to decide which location qualifies the best for the new building project. In addition a close cooperation and coordination with the neighbouring communes is of great importance.

In connection with this conclusion the central question was discussed after a short survey of the plan area: Which follow-up exploitation methods are to be considered for this plan area? These three alternatives come into question:

- New centre for logistics and invisibles

- Foundation of an university, settling of industry

- New residential concept „Pioneer-Living"

Afterwards various criteria were defined to find the best utilisation of the Pioneer Barracks with the help of a benefit analysis:

- Capacity of the infrastructure

- Suitability of the buildings in regard of the new usage

- Costs

- Environmentally soundness and integration into the surrounding area

- Creation of new jobs

- Growth of the population

- Increase of the tax revenue of Hanau

- Competition with other locations

- Seveso-II-Directive

The making of the benefit analysis showed that the development of a centre for logistics and invisibles is the best future utilisation as this scenario reached the highest overall value of benefit during the evaluation.

Concluding several proposals for the further proceeding are made to the city of Hanau. A quick realisation of the planning is important as vacancies should be avoided. Therefore an interim utilisation of the buildings should be considered if necessary. Besides this the sustained development of projects should always have priority.

Consequently the central questions which were established in the beginning were completely answered in the course of this thesis and the ambition was accomplished.

This degree dissertation provides a basis for discussion and further proceeding for Hanau and gives first ideas for the future development of the area of the Pioneer Barracks. Additionally it can support and facilitate the decision on the prospective use. Now Hanau itself could create a master plan for this plan area as well as for the other conversion spaces of the city based on this paper. By doing so Hanau could prepare for the upcoming vacancy of the Barracks.

With a deliberate, clear-sighted and intermuniciple planning the economic area of Hanau and the administrative district of Main-Kinzig-Kreis have good prospects for a positive development of the conversion process and a strong economic growth.

Quellenverzeichnis

Literaturverzeichnis

Bundesverband Güterkraftverkehr Logistik und Entsorgung (BGL) e.V. (2007): *Der gewerbliche Güterkraftverkehr- eine Branche in Zahlen.*

Bundesamt für Güterverkehr (2005): *Marktbeobachtung Güterverkehr. Jahresbericht 2004.*

Bundesforschungsanstalt für Landeskunde und Raumordnung (Hrsg.) (1996): *Nachhaltige Stadtentwicklung. Herausforderungen an einen ressourcenschonenden und umweltverträglichen Städtebau.*

Bundesministerium für Raumordnung, Bauwesen und Städtebau – BMBau (Hrsg.) (1993): *Städtebauliche Möglichkeiten durch Umwidmung militärischer Einrichtungen*, Heft Nr. 495.

Deiters, Prof. Dr. Jürgen (1986): *Nutzwertanalyse in der Raumplanung.* In: Geographische Rundschau, 38, Heft Nr. 4, S. 175-181.

Dirnberger, Dr. Franz (2006): *Instrumente des Städtebaurechts bei der Konversion militärischer Liegenschaften.* Vortrag zum Thema Konversion militärischer Liegenschaften. Bayrischer Gemeindetag, 17.01.2006.

Dräger, Dr. Stefan & Thielmann PartG (2006): *Bewertung einer Folgenutzung freiwerdender Militärflächen in Hanau.* Unveröffentlichtes Gutachten für die Stadt Hanau, Frankfurt am Main, 125 Seiten.

Dreysse, Dietrich W. (2007): *Route der Industriekultur in Hanau.* Landesamt für Denkmalpflege in Hessen (Hrsg.). In: Denkmalpflege & Kulturgeschichte, Heft 1, S. 14-20.

Franke, Karl-Heinz (2006): *Konversion in Hessen. Truppenreduzierung und Freigabe von militärischen Liegenschaften.* Tagung des VdW Südwest und der Hessen Agentur in Wetzlar, 12.07.2006.

Frauenhofer Institut, Materialfluss und Logistik (2006): *Regionale Logistikansiedlungen als Folge europaweiter Netzwerke?*, Vortrag auf der Tagung Logistik und Städtebau 2006 am 13.09.2006.

Freundt, Dr. Andreas (2006): *Logistik im Main-Kinzig-Kreis. Eine Branchenstudie der Industrie- und Handelskammer Hanau-Gelnhausen-Schlüchtern*. Industrie- und Handelskammer Hanau-Gelnhausen-Schlüchtern (Hrsg.).

Gettmann, Alfred (1992): *Truppenreduzierung und Konversion in Deutschland*. Heimstätte Rheinland-Pfalz (Hrsg.). In: Mitteilungen der Landesentwicklungsgesellschaften: Konversion ehemals militärisch genutzter Flächen, Bonn, S. 3-7.

Gettmann, Alfred (1993): *Abzug der US-Streitkräfte – Was nun? Perspektiven der deutschen Zivilbeschäftigten. Das Beispiel Rheinland-Pfalz*. In: Kieler Schriften zur Friedenswissenschaft, Heft 4.

Goebels, Thomas (2000): *Die Bewertung von Umweltmanagementsystemen. Ein praxisorientiertes Verfahren, angewandt am Beispiel ausgewählter Produktionsstandorte des Volkswagen-Konzerns*, Wolfsburg.

Hessisches Ministerium für Wirtschaft, Verkehr und Landesentwicklung (2001): *Mitplanen, Mitreden, Mitmachen. Ein Leitfaden zur städtebaulichen Planung*, Wiesbaden.

Hessisches Ministerium für Wirtschaft, Verkehr und Landesentwicklung, Fachkomission Städtebau der ARGEBAU (2002): *Arbeitshilfe zu den rechtlichen, planerischen und finanziellen Aspekten der Konversion militärischer Liegenschaften*, Wiesbaden.

Hessisches Ministerium für Wirtschaft, Verkehr und Landesentwicklung, Oberste Landesplanungsbehörde (2000): *Landesentwicklungsplan Hessen 2000*.

Heyer, Dr. Rolf (2006): *Konversion in Nordrhein-Westfalen. Erfahrungen – Erfolge – Konflikte*. Vortrag zum Thema Konversion militärischer Liegenschaften. Tagung der Deutschen Akademie für Städtebau und Landesplanung, Institut für Städtebau und Wohnungswesen in Würzburg, 11.04.2005.

Höweler, Michael; Reiche Alexander (2007): *Hochtechnologie in Hanau. Bestandsaufnahme, Analyse und Ausblick für die Brüder-Grimm-Stadt Hanau*. Wirtschafsförderung der Stadt Hanau (Hrsg.).

Industrie- und Handelskammer Frankfurt am Main (2007): Realsteuerhebesätze der hessischen Gemeinden mit mehr als 10.000 Einwohnern für die Jahre 2007 und 2006.

Industrie- und Handelskammer Hanau-Gelnhausen-Schlüchtern (2007): *Konversion in Hessen*. Unveröffentlichte Präsentation der IHK vom 04.07.2007.

144

Jacob Andreas (2006): *Konversion- Chancen für die Stadtentwicklung.* Vortrag zum Thema Chancen und Risiken bei der Konversion. Tagung des Verband der Wohnungswirtschaft Südwest e.V. und der Hessen Agentur in Wetzlar, 12.07.2006.

Jochumsen, Ole; Korte, Timo (2002): *Neue Nutzungen für die Röttiger-Kaserne, Konversion zwischen Neugraben-Fischbek und Neu Wulmstorf.* Unveröffentlichte Diplomarbeit am Fachbereich Städtebau/ Stadtplanung der Technischen Universität Hamburg-Harburg, 130 Seiten.

Justus-Liebig-Universität Gießen (2007): Beschäftigte an der Justus-Liebig-Universität Gießen, Stand: 01.10.2007.

Kinder, Hermann; Hilgemann, Werner (1991): *dtv-Atlas zur Weltgeschichte. Von der Französischen Revolution bis zur Gegenwart.* Band 2. Deutscher Taschenbuch Verlag, München.

Landesamt für Denkmalpflege in Hessen (Hrsg.) **(2006)**: *Denkmaltopographie Bundesrepublik Deutschland. Kulturdenkmäler in Hessen. Stadt Hanau,* Wiesbaden.

Landesanstalt für Umweltschutz Baden-Württemberg (Hrsg.) **(2003)**: *Kommunales Flächenmanagement- Strategie und Umsetzung.* In: Bodenschutz 13.

Launhardt, Alexandra (1998): *Anwendung städtebaulicher Planungsinstrumente bei der Umnutzung militärischer Konversionsflächen.* Unveröffentlichte Diplomarbeit am Fachbereich Raum- und Umweltplanung der Universität Kaiserslautern, 164 Seiten.

Leser, Hartmut (2001): *Diercke Wörterbuch Allgemeine Geographie.* 12. Auflage, Deutscher Taschenbuch Verlag GmbH, München.

Mathe, Edgar (2007): Definition des Begriffs Stadtentwicklung. Geschäftsführer der städtischen Wohnungsbaugesellschaft (WBG) Augsburg. Vortrag auf dem Hessischen Konversionskongress am 23.08.2007 in Hanau.

Moseler, Claudius (1997): *Liegenschaftskonversion in Rheinland-Pfalz. Geographische Untersuchung zu den Entwicklungschancen bei der Umnutzung aufgelassener militärischer Liegenschaften.* In: Europäische Hochschulschriften, Reihe IV Geographie, Peter Lang Verlag, Frankfurt am Main.

Müller, Gudrun (2000): *Nachhaltige Stadtentwicklung im Zuge der Konversion unter energetischen Gesichtspunkten.* Unveröffentlichte Diplomarbeit am Fachbereich Raum- und Umweltplanung der Universität Kaiserslautern, S.86-99.

Nassauische Heimstätten (2007): Abbildung Verwertungsmodelle.

Odehnal, Ronald (1994): *Truppenreduzierungen und Stadtentwicklung – Zielvorstellungen, Maßnahmen und Instrumente im Zusammenhang mit der Umnutzung aufgelassener Militärliegenschaften, erläutert am Beispiel der Städte Diez, Gießen und Frankfurt am Main.* Materialien 16 des Institutes für Kulturgeographie, Stadt- und Regionalforschung der Johann Wolfgang von Goethe-Universität Frankfurt am Main.

Planungsverband Ballungsraum Frankfurt/Rhein-Main (2006a): *Regionales Monitoring 2006. Zahlen und Karten zum Gebiet des Planungsverbandes.*

Planungsverband Ballungsraum Frankfurt/Rhein-Main (2006b): *Regionales Monitoring 2006. Gemeindespiegel für das Gebiet des Planungsverbandes*, S. 31.

Planungsverband Ballungsraum Frankfurt/Rhein-Main (2006c): *Berücksichtigung der Seveso-II-Problematik bei der Aufstellung des Regionalen Flächennutzungsplanes für das Gebiet des Planungsverbandes Ballungsraum Frankfurt/Rhein-Main.*

Planungsverband Ballungsraum Frankfurt/Rhein-Main (2007): Datenauszüge des Geographischen Informationssystems zur Nutzung in einer Diplomarbeit von Frau Nicole Prediger im Rahmen des Geographie-Studiums an der Justus-Liebig-Universität Gießen.

Regierungspräsidium Darmstadt als Geschäftsstelle der Regionalversammlung Südhessen (2000): *Regionalplan Südhessen 2000.*

Reiß-Schmidt, Stephan (2006): *Strategisches Flächenmanagement als Instrument des Bodenschutzes?* The European Law Students` Association (ELSA) Jahrestagung in München, 14./15.12.2006.

Rother, Wolfram; Schwarte, Christoph (1997): *Konversion militärischer Liegenschaften. Planungsprozesse und Rahmenbedingungen.* Institut für Landes- und Stadtentwicklungsforschung des Landes Nordrhein-Westfalen (Hrsg.) – ILS Schriften 127, S. 9-22.

Sachs, Klaus (2004): *Konversionsflächen als Wohnflächenpotenziale. Das Beispiel Halle (Saale).* In: Berichte zur deutschen Landeskunde, 78, Heft Nr. 1, S. 73-95.

Sahner, Heinz (1998): Bürgerbefragungen *und das Prinzip der nachhaltigen Stadtentwicklung.* Martin-Luther-Universität Halle-Wittenberg, Institut für Soziologie.

Sautter, Heinz (2003): *Kommunales Wohnraumversorgungskonzept Main-Kinzig-Kreis.* Modellprojekt durchgeführt im Auftrag des Hessischen Ministeriums für Wirtschaft, Verkehr und Landesentwicklung. Institut Wohnen und Umwelt (Hrsg.).

Schäfer, Dr. Rudolf (1994): *Planungsrechtliche Probleme von Konversionsflächen.* Institut der Deutschen Akademie für Städtebau und Landesplanung Berlin (Hrsg.). In: Referatssammlung zum 318. Kurs des Instituts für Städtebau Berlin vom 8. Bis 10. November 1993, S. 9-41.

Schmidt, Anke (1997): *Frankfurt (Oder): Städtebaulicher Ideenwettbewerb für Neubausiedlung Römerhügel (Konversionsfläche).* In: Informationen zur Raumentwicklung, Heft 4/5, Seite 283-298.

Scholles, Frank (2004a): *Die Nutzwertanalyse und ihre Weiterentwicklung.* In: Handbuch der Theorien und Methoden der Raum- und Umweltplanung, Handbücher zum Umweltschutz, Band 4, S. 231-247.

Scholles, Frank (2004b): *Szenariotechnik.* In: Handbuch Theorien und Methoden der Raum- und Umweltplanung, Handbücher zum Umweltschutz Band 4, S. 206-212.

Simon, Tanja (2007): *Konversionsprojekte in Rheinland-Pfalz. Versuch einer Bewertung.* Veröffentlichte Diplomarbeit in Schriften zur Raumordnung und Landesplanung, Band 26, Augsburg, Kaiserslautern, 71 Seiten.

Stadt Hanau (1998): *Leitbilder der Stadtentwicklung Hanau.* Von der Stadtverordnetenversammlung der Stadt Hanau am 16.02.1998 beschlossen.

Stadt Hanau (2006): *Zahlen Daten Fakten. Statistischer Jahresbericht 2004 / 2005.*

Stadtplanungsamt Hanau (2006): Luftbild der Pioneer-Kaserne in Hanau aus dem Jahre 2006.

Stadt Wuppertal (2003): *Wuppertaler Modell eines „Strategischen Flächenmanagements".* Öffentliche Vorlage der Sitzung des Stadtentwicklungsausschusses am 25.09.2003.

Steinebach, Gerhard; Jacob, Andreas (1997): *Konversion – Stadtplanung auf Militärflächen. Forschungsvorhaben des Experimentellen Wohnungs- und Städtebaus- Endbericht.* Forschungs- und Informations-Gesellschaft für Fach- und Rechtsfragen der Raum- und Umweltplanung (FIRU) mbH Kaiserslautern (Hrsg.).

Stemmler, Dr. Johannes (2006): *Planungsrechtliche Rahmenbedingungen für die Wiedernutzung von nicht mehr für militärische Zwecke benötigten Liegenschaften.* In: Zeitschrift für deutsches und internationales Bau- und Vergaberecht, Heft Nr. 2, S. 117-122.

Stiens, Gerhard (1996): *Prognostik in der Geographie.* In: Das Geographische Seminar, Westermann Verlag, Braunschweig.

Stiens, Gerhard (1998): *Prognosen und Szenarien in der räumlichen Planung.* In: Akademie für Raumforschung und Landesplanung: Methoden und Instrumente räumlicher Planung.

Sträter, Detlev (1992): *Standorte- und Rüstungskonversion: Ansätze, Probleme, Perspektiven.* In: Informationen zur Raumentwicklung, Heft 5 , S. 403- 417.

Sträter, Detlev (1988): *Szenarien als Instrument der Vorausschau in der räumlichen Planung.* In: Akademie für Raumforschung und Landesplanung: Regionalprognosen. Methoden und ihre Anwendung, S. 417- 436.

Wiegandt, Claus-Christian (1992): *Restriktionen bei der Wiedernutzung ehemals militärisch genutzter Liegenschaften.* In: Informationen zur Raumentwicklung, Heft 5, S. 389-402.

Winkler, Bärbel (1992): *Städtebauliche Möglichkeiten und Herausforderungen der Konversion.* In: Informationen zur Raumentwicklung, Heft 5, S. 373-388.

Wissenschaftlicher Rat der Dudenredaktion (Hrsg.) **(1982)**: *Duden Fremdwörterbuch.* Mannheim, S. 746.

Witzmann, Karlheinz (1994): *Flächenkonversion und Raumordnung.* In: Raumforschung und Raumordnung 52, Heft 4/5, S. 279-286.

Wüstenrot Stiftung Deutscher Eigenheimverein e.V. (1994): *Konversion militärischer Flächen. Handlungsempfehlungen für die Kommunen.* Informationszentrum Raum und Bau Verlag, Ludwigsburg.

Zangemeister, Cristof (1971): *Nutzwertanalyse in der Systemtechnik. Eine Methodik zur multidimensionalen Bewertung und Auswahl von Projektalternativen.* 2. Auflage, München .

Zarth, Michael (1992): *Regionale Auswirkungen des Truppenbaus und der Rüstungskonversion.* In: Informationen zur Raumentwicklung, Heft 5, S. 311-332.

Verzeichnis der Internetquellen

Adressbuch der Stadt Frankfurt am Main (2007):
Abrufbar unter: http://www.frankfurt-adressbuch.de/images/Rhein-Main.jpg [09.11.2007].

Baurecht.de (2007): *Denkmalschutzgesetz Hessen (HDSchG) vom 12. Januar 2005.*
Abrufbar unter: http://www.baurecht.de/denkmalschutzgesetz_hessen.html [25.07.2007].

Bertelsmann Stiftung (2005): *Demographiebericht. Ein Baustein des Wegweisers Demogra-*
phischer Wandel. Hanau/Main-Kinzig-Kreis. Abrufbar unter:
http://www.wegweiserdemographie.de/common/demobericht/jsp/download_demobericht.jsp?
pdffilename=demographiebericht.pdf&gkz=06435014,06435000,06000000&zeitraum=1
[04.04.2007].

Bundesagentur für Arbeit (2007):
http://www.pub.arbeitsamt.de/hst/services/statistik/000000/html/start/karten/aloq_kreis_127.h
tml [31.05.2007].
http://www.pub.arbeitsamt.de/hst/services/statistik/000000/html/start/karten/aloq_kreis.html
[31.05.2007].

Brüder-Grimm-Stadt Hanau (2007):
http://www.hanau.de/rathaus/statistik/artikel/05336/ [15.05.2007].
http://www.hanau.de/rathaus/statistik/artikel/01615/#anker_0_33 [08.05.2007].
http://www2.hanau.de/rathaus/statistik/artikel/01615/ [13.06.07].
http://www.hanau.de/lebeninhanau/umwelt/natur_gruen_hu/schutzgebiete/artikel/00997/
[26.07.2007].
http://www.hanau.de/cityguide/cgi-
bin/cityguide.pl?action=show&lang=de&size=1076&group=0&object=550&mapper=5
[30.07.2007].
http://www.hanau.de/rathaus/statistik/artikel/00493/ [03.08.2007].
http://www.hanau.de/rathaus/statistik/artikel/01989/ [03.08.2007].
http://www.hanau.de/lebeninhanau/pbw/grundstuecksangebote/artikel/01206/ [27.10.2007].
http://www.hanau.de/lebeninhanau/pbw/grundstuecksangebote/artikel/01188/ [27.10.2007].

Bundesfinanzministerium (2006):
http://www.bundesfinanzministerium.de/cln_03/nn_3384/sid_7B6DA8932AB620435DC5DD
94BB5719D0/nsc_true/DE/Bundesliegenschaften__und__Bundesbeteiligungen/Bundesanstalt
_20f_C3_BCr_20Immobilienaufgaben/1444.html [26.05.2007].

Bundesministerium der Justiz - juris (2007a): *Baugesetzbuch in der Fassung der Bekanntmachung vom 23. September 2004 (BGBl. I S. 2414), zuletzt geändert durch Artikel 1 des Gesetzes vom 21. Dezember 2006 (BGBl. I S. 3316).* Abrufbar unter: http://www.gesetze-im-internet.de/bundesrecht/bbaug/gesamt.pdf [13.06.2007].

Bundesministerium der Justiz – juris (2007b): *Bundeshaushaltsordnung vom 19. August 1969 (BGBl. I S. 1284), geändert durch Artikel 15 des Gesetzes vom 14. August 2006 (BGBl. I S. 1911).* Abrufbar unter: http://www.gesetze-im-internet.de/bho/BJNR012840969.html [04.07.2007].

Bundesministerium der Justiz – juris (2007c): *Wertermittlungsverordnung vom 6. Dezember 1988 (BGBl. I S. 2209), geändert durch Artikel 3 des Gesetzes vom 18. August 1997 (BGBl. I S. 2081).* Abrufbar unter: http://www.gesetze-im-internet.de/wertv_1988/BJNR022090988.html [04.07.2007].

Bundesministerium der Justiz – juris (2007d): *Bundes-Bodenschutzgesetz vom 17. März 1998 (BGBl. I S. 502), zuletzt geändert durch Artikel 3 des Gesetzes vom 9. Dezember 2004 (BGBl. I S. 3214).* Abrufbar unter: http://www.gesetze-im-internet.de/bbodschg/index.html [06.07.2007].

Bundesministerium der Justiz – juris (2007e): *Bundes-Immissionsschutzgesetz in der Fassung der Bekanntmachung vom 26. September 2002 (BGBl. I S. 3830), zuletzt geändert durch Artikel 3 des Gesetzes vom 18. Dezember 2006 (BGBl. I S. 3180). Gesetz zum Schutz vor schädlichen Umwelteinwirkungen durch Luftverunreinigungen, Geräusche, Erschütterungen und ähnliche Vorgänge.* Abrufbar unter: http://www.gesetze-im-internet.de/bimschg/index.html [30.07.2007].

Bundesministerium der Justiz – juris (2007f): *Baunutzungsverordnung in der Fassung der Bekanntmachung vom 23. Januar 1990 (BGBl. I S. 133), geändert durch Artikel 3 des Gesetzes vom 22. April 1993 (BGBl. I S. 466). Verordnung über die bauliche Nutzung der Grundstücke.* Abrufbar unter: http://bundesrecht.juris.de/baunvo/BJNR004290962.html [30.10.2007].

C.A.U. GmbH, Gesellschaft für Consulting und Analytik im Umweltbereich (2007):
http://www.cau-online.de/cau/seiten/geschaeftsfelder/flaechenrecycling.htm [09.11.2007].

Controlling-Portal.de (2007):
http://www.controllingportal.de/Fachinfo/Grundlagen/SWOT-Analyse-.html [11.08.2007].

da facto. Aktuelles aus dem Rathaus. Journal aus Darmstadt (2007):
http://www.dafacto.de/artikel/ar/05547/index.html [11.10.2007].

Danielzyk, Rainer; Dassau, Petra; Hochmuth, Elke; Müller, Wolfgang (1996): *Standort-konversion und regionaler Strukturwandel in Niedersachsen.* 198 Seiten. Bibliotheks- und Informationssystem der Universität Oldenburg. Abrufbar unter: http://docserver.bis.uni-oldenburg.de/publikationen/bisverlag/dansta96/dansta96.html [28.05.2007].

Deutscher Fluglärmdienst e.V., Mitglied in der Bundesvereinigung gegen Fluglärme e.V. (2007): *Technische Anleitung zum Schutz gegen Lärm [neue Fassung]. Sechste Allgemeine Verwaltungsvorschrift zum Bundes-Immissionsschutzgesetz (TA Lärm) vom 26. August 1998 (GMBl. Nr. 26 vom 28.08.1998 S. 503).* Abrufbar unter:
http://www.dfld.de/Link.php?URL=Archiv/TALaerm/TALaerm.htm [21.10.2007].

Deutsches Institut für Urbanistik (2004): *Flächenrecycling als kommunale Aufgabe Potenziale, Hemmnisse und Lösungsansätze in den deutschen Städten.*
Abrufbar unter: http://www.difu.de/index.shtml?/publikationen/ufk/flaechenrecycling.shtml [08.11.2007].

Europäisches Parlament und Europäischer Rat (2003): *Richtlinie 2003/105/EG des Europäischen Parlaments und des Rates vom 16. Dezember 2003 zur Änderung der Richtlinie 96/82/EG des Rates zur Beherrschung der Gefahren bei schweren Unfällen mit gefährlichen Stoffen.* Abrufbar unter: http://vmbg.de/rechtundleistung/EG-recht/9682eg.pdf [27.07.2007].

Förderland (2007):
http://www.foerderland.de/1067.0.html [16.10.2007].

Hanauer Straßenbahn GmbH (2007):
http://www.hsb-service.de/pdf/fahrplan_6_hin.pdf [27.07.2007].

Hanau Online- Magazin für die Region (2007):
http://www.hanauonline.de/content/view/9152/327/ [16.04.2007].

Hessen Agentur GmbH (2007):

http://www.hessen-agentur.de/dynasite.cfm?dssid=75&dsmid=1754 [26.07.2007].

Industrie- und Handelskammer Hanau-Gelnhausen-Schlüchtern (2007):

http://hanau.ihk.de/cms/images/standortpolitik/Einzelhandelsstudie-2005.pdf [10.05.2007].
http://hanau.ihk.de/ [08.11.2007].

Institut für Städtebau und Landesplanung Universität Karlsruhe (2005):
ISL Lehrmodul Flächenmanagement. Abrufbar unter: http://www.isl.uni-karlsruhe.de/module/flaechenmanagement/flaechenmanagement.html [16.07.2007].

Lexexakt (2007):

http://www.lexexakt.de/glossar/zweiplusviervertrag.php [24.11.2007].

Meyers Lexikon Online (2007):

http://lexikon.meyers.de/meyers/Loft [16.10.2007].
http://lexikon.meyers.de/meyers/Golfkrieg [24.11.2007].

Microsoft Virtual Earth (2007):

http://maps.live.com/default.aspx?v=2&cp=sbmqp0hrc7pg&style=o&lvl=1&tilt=-90&dir=0&alt=-1000&scene=10782529&encType=1 [13.08.2007].

Mum Unternehmensführung (2007):

http://www.futurecompany.de/downloads/mb_mum_trendforschung.pdf [30.08.2007].

Nassauer, Ottfried (2004): *Abbau, Umbau, Umzug. Die Transformation der US-Streitkräfte in Europa, Berliner Informationszentrum für Transatlantische Sicherheit (BITS) Research Note 04.1.* Abrufbar unter: http://www.bits.de/public/researchnote/rn04-1.htm [26.05.2007].

Piper, Gerhard (2004): *Die amerikanische Streichliste: Sein oder nicht Sein? Berliner Informationszentrum für Transatlantische Sicherheit (BITS).* Abrufbar unter: http://www.uni-kassel.de/fb5/frieden/regionen/USA/truppen4.html [26.05.2007].

Planungsverband Ballungsraum Frankfurt/Rhein-Main (2006):

http://www.planungsverband.de/showobject.phtml?object=tx|1.130.1 [13.09.2007].

Planungsverband Ballungsraum Frankfurt/Rhein-Main (2007a):

http://www.planungsverband.de/index.phtml?La=1&mNavID=1136.12&sNavID=1136.12 [04.06.2007].

Planungsverband Ballungsraum Frankfurt/Rhein-Main (2007b): Entwurf Regionaler Flächennutzungsplan Ausschnitt Hanau. Abrufbar unter: http://www.planungsverband.de/media/custom/1136_173_1.PDF?loadDocument&ObjSvrID=1136&ObjID=173&ObjLa=1&Ext=PDF [25.07.2007].

Rechnungshof Hessen (2006): http://www.rechnungshof-hessen.de/veroeffentlichungen/sonstige/mueller_finanzen_der_kommunen.pdf [15.05.2007].

Regionalpark Rhein-Main (2007): http://www.regionalpark-rheinmain.de/default.asp?action=article&ID=154 [03.09.2007].

Rheinland-Pfalz. Wir machen´s einfach (2007): http://www.konversion.com/konversion/nav/94a/94a33635-e449-111b-e592-6a90fb0e2236.htm [09.08.2007].

Rohde, Hartwig (2007): *Hanau- viel mehr als ein moderner Industriestandort.* Abrufbar unter: http://www.ebn24.com/?page=3&id=1492&projekt=97&sprach_id=1&seite=1&st_id=4&land=1 [07.05.2007].

Route der Industriekultur Rhein-Main (2007): http://www.route-der-industriekultur-rhein-main.de/07/c/wissenswertes.htm [03.09.2007].

Umwelt – online (2007): GRW *1995 - Grundsätze und Richtlinien für Wettbewerbe auf den Gebieten der Raumplanung, des Städtebaues und des Bauwesen, vom 22. Dezember 2003 (BAnz. Nr. 86a vom 07.05.2004 S. 1).* Abrufbar unter: http://www.umwelt-online.de/recht/bau/grw95_ges.htm [19.07.2007].

U.S. Army Europe, Germany (2007): http://www.usarmygermany.com/Communities/Hanau/Aerials_Pioneer%201950.htm [07.09.2007].

Wirtschaftsförderung Region Frankfurt/Rhein-Main online (2007): http://www.region-frankfurt-rheinmain.de/RheinMain/deutsch/Struktur/D_K_Hanau.html [24.04.2007].

Zeitungsartikel

Frankfurter Rundschau (04.09.2007), o.V.: Umsicht bei Plänen für Kasernen. Rathauschef warnt vor „Schnellschuss". Konkreter Vorschlag nur für Hutier-Gelände. 63. Jahrgang, Nr. 205, R16.

Gelnhäuser Tagesblatt (03.11.2007), o.V.: Heimische Kommunen gehen Konversion an. Nach endgültigem Abzug der US-Army: IHK lädt zu Arbeitskreistreffen nach Gelnhausen ein – Förderungsmöglichkeiten. Abrufbar unter: http://www.gelnhaeuser- tagblatt.de/ sixcms/detail.php?template=d_artikel_import&id=3163244&_zeitungstitel=1133845&_resort =1103644&_adtag=localnews&_dpa= [08.11.2007].

Hanauer Anzeiger (21.07.2007), o.V.: „Herkules-Aufgabe" noch ohne Plan. US-Abzug: OB Kaminsky sucht Gespräche mit Nachbarkommunen- Erste Einrichtungen vor Übergabe. Sonderseite, S.24.

Wetzlarer Neue Zeitung (30.08.2007), o.V.: Hier könnten 300 Wetzlarer wohnen. Gershwin House zum Verkauf. S. 17.

Anhang

A   Karten und Tabellen zu Kapitel 7

A.1   Karte Industrie- und Gewerbegrundstücke der Stadt Hanau

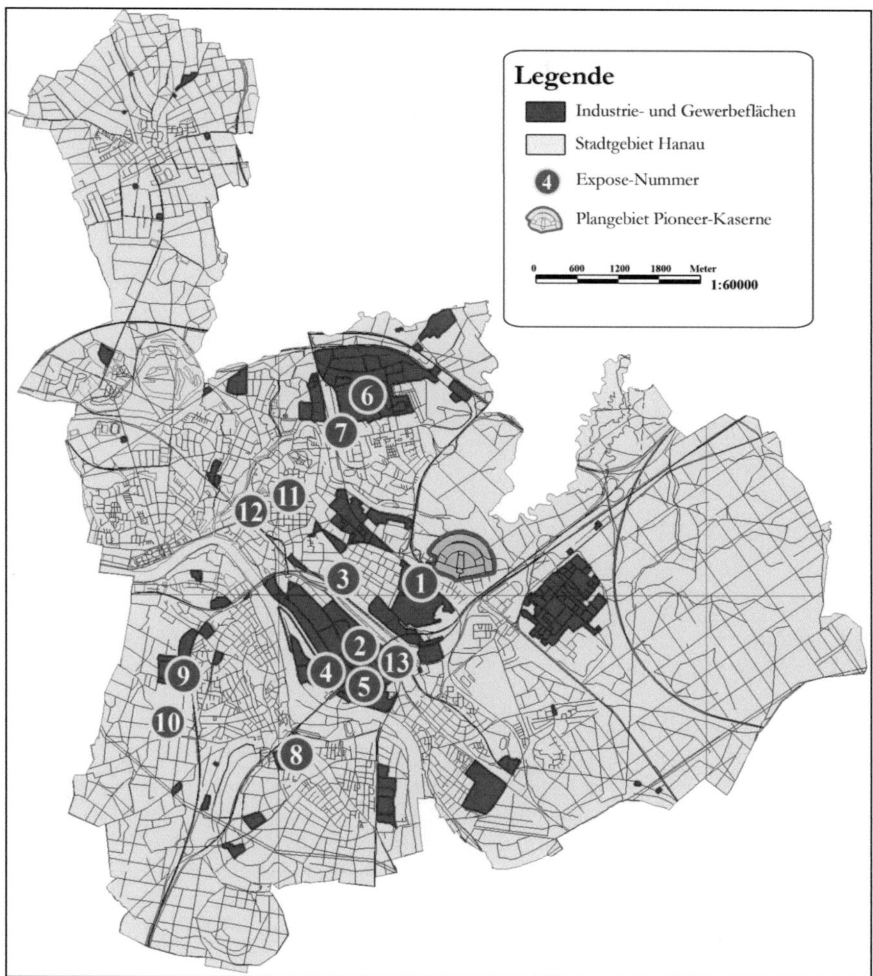

Abbildung A-1: Industrie- und Gewerbeflächen der Stadt Hanau

Quelle: Eigene Darstellung, auf Grundlage von ATKIS-Datenauszügen des Planungsverbands Ballungsraum Frankfurt/Rhein-Main, 2007, nach Vorlage von Brüder-Grimm-Stadt Hanau, 2007

A.2 Tabelle Industrie- und Gewerbegrundstücke der Stadt Hanau (Stand 21.02.2007)

Expose Nr.	Gemarkung	Straße	Hnr.	Grundstücksgröße (in m²)	Preis (in €/m²)
1	Hanau	Aschaffenburger Str.		19 896	120
Nutzung/ Bauart					
Gewerbegebiet; 3-geschossige Bauweise; GRZ 0,6; GFZ 2,0; offene Bauweise; max. Höhe baulicher Anlagen 15m					
2	Großauheim	Benzstraße		11 494	195
Nutzung/ Bauart					
Mischgebiet; GRZ 0,25; GFZ 0,5; Befreiung GRZ 0,4; GFZ 0,8 in Aussicht gestellt					
3	Hanau	Am Hauptbahnhof		20 350	255
Nutzung/ Bauart					
zus.gesetzt aus mehreren Grundstücken; Kerngebiet; ausgenommen sind Vergnügungsstätten, Tankstellen u. großflächiger Einzelhandel; geschlossene Bauweise					
4	Großauheim	Josef-Bautz-Straße	11	1 738	120
Nutzung/ Bauart					
Gewerbegebiet; 3-geschossige Bauweise; GRZ 0,6; GFZ 1,2; offene Bauweise; Baugrenze straßenseitig im Abstand 5m zur Straße					
5	Großauheim	Lise-Meitner-Straße	8	4 017	120
Nutzung/ Bauart					
Misch- und Gewerbegebiet; MI: 2-geschossige Bauweise; GRZ 0,25; GFZ 0,5; offene Bauweise; GE: 3-geschossige Bauweise; GRZ 0,6; GFZ 1,2; offene Bauweise					
6	Hanau	Rheinstraße	8	3 629	120
Nutzung/ Bauart					
Gewerbegebiet; überbaubare Fläche für Hochbauten in 2-geschossige offener Bauweise; GRZ 0,8; GFZ 1,6; entlang der westlichen Grundstücksgrenze 5m u. entlang der südlichen Grundstücksgrenze 10 breiter Geländestreifen zum Anpflanzen von Bäumen und Sträuchern					
7	Hanau	Richard-Küch-Straße	8	3 820	170
Nutzung/ Bauart					
Mischgebiet; 2-geschossige offene Bauweise als Höchstgrenze; rückwärtiger Grundstücksteil 1-geschossige geschlossene Bauweise; GRZ 0,4; GFZ 0,8					

8	Klein-Auheim	Reitweg		3 881	120

Nutzung/ Bauart

Für die Fläche entlang des Reitweges gilt: nur Betriebe zulässig, die von ihrem Emissionsverhalten in MI zulässig sind; Einzelhandel: BGZ max. 1200m², kein zentrenrelevantes Sortiment, keine Tankstelle; GRZ 0,7; GFZ 1,4; max. 3-geschossige Bauweise; die restliche Fläche ist gewerblich nutzbar

9	Steinheim	Amerikafeld westlich		15 874	120

eingeschränktes Gewerbegebiet; offene Bauweise; GRZ 0,8; GFZ 1,6; Höchstmaß zulässiger Vollgeschosse 2

10	Steinheim	Amerikafeld-östlich		36 925	120

Gewerbegebiet; 5-geschossige offene Bauweise; GRZ 0,8; GFZ 2,0

11	Hanau	Langstraße	56	751	1 050

Nutzung/ Bauart

Kerngebiet; mit Ausnahme von Vergnügungsstätten und Tankstellen; geschlossene Bauweise (nicht für den rückwärtigen Bereich); Gebäudetiefe max. 12m; Geschoßzahl: 3 Geschosse, plus Dachgeschoss (kann Vollgeschoss werden); Tiefgarage möglich

12	Hanau	Vor dem Ka-naltor	3a	8 970	307
				4 076	307
				7 810	307
				6 529	307

Nutzung/ Bauart

Kerngebiet; mit Ausnahme von Vergnügungsstätten und Tankstellen; geschlossene Bauweise sollte festgesetzt werden

13	Großauheim	Hanauer Land-straße	70	2 014	190

Nutzung/ Bauart

Misch- und Gewerbegebiet; MI: 2-geschossige Bauweise, GRZ 0,25, GFZ 0,5, offene Bauweise; GE: 3-geschossige Bauweise; GRZ 0,6; GFZ 1,2; offene Bauweise

Tabelle A-1: Industrie- und Gewerbeflächen der Stadt Hanau

Quelle: Datengrundlage Brüder-Grimm-Stadt Hanau, 2007

A.3 Karte Wohnbaugrundstücke der Stadt Hanau

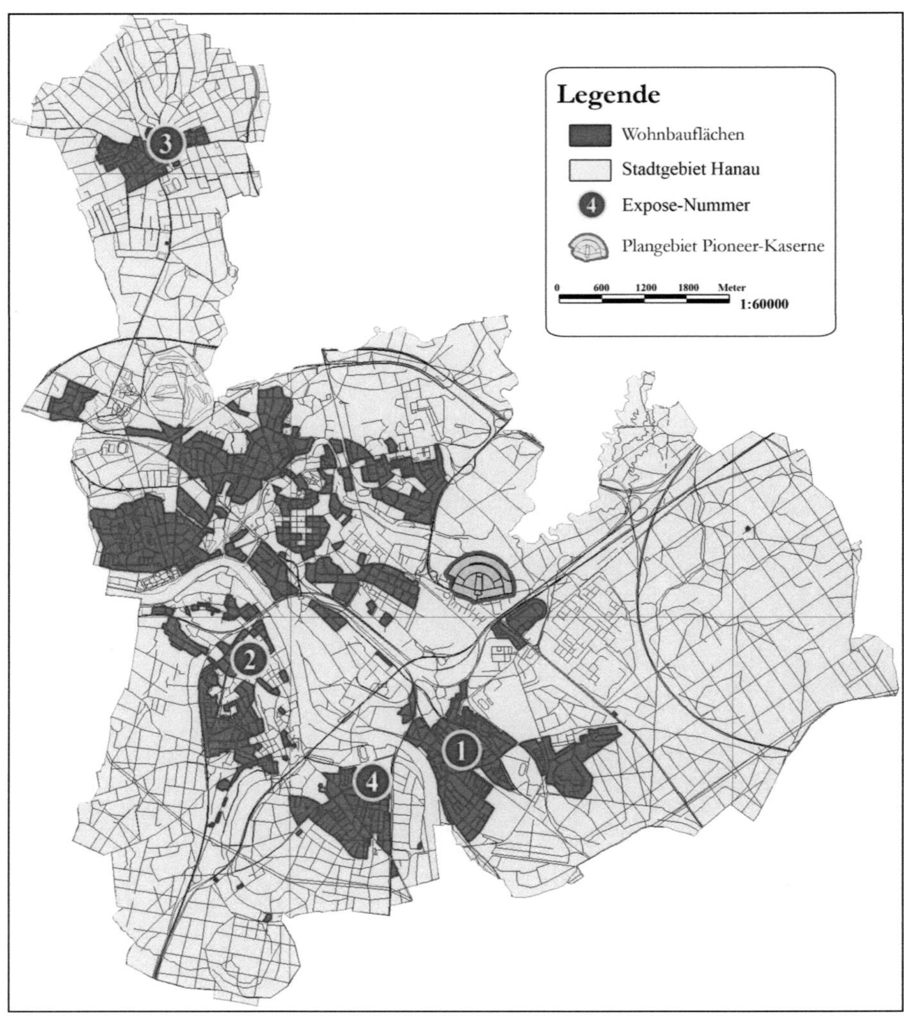

Abbildung A-2 Wohnbaugrundstücke der Stadt Hanau

Quelle: Eigene Darstellung, auf Grundlage von ATKIS-Datenauszügen des Planungsverbands Ballungsraum Frankfurt/Rhein-Main, 2007, nach Vorlage von Brüder-Grimm-Stadt Hanau, 2007

Expose Nr.	Gemarkung	Straße	Hnr.	Grundstücks-größe (in m²)	Preis (in €/m²)	Bauart
1	Großauheim	Franz-Kafka-Weg	2 7 9 13	490 292 541 3 061	240	Einzel- oder Doppelhaus Reihenmittelhaus Reihenendhaus
1	Großauheim	Goethestraße	33	2 033	240	Einzel- oder Doppelhaus
1	Großauheim	Heinrich-Böll-Weg	2	438	240	Einzelhaus
1	Großauheim	Heinrich-Heine-Weg	13 23 25 27 29	274,5 270,5 276,5 273 275	250	Reihen-mittelhäuser
1	Großauheim	Ingeborg-Bachmann-Weg	2	339	240	Doppelhaus-hälfte
1	Großauheim	Kurt-Tocholsky-Weg	14 16	278,9 313,9	240	Reihen-mittelhäuser
1	Großauheim	Lion-Feuchtwanger	7	263,2	240	Reihenmittelhaus
1	Großauheim	Marie-Luise-Kaschnitz-Weg	21 23 25	453 356 515	240	Reihenendhaus Reihenmittelhaus Reihenmittelhaus
1	Großauheim	Nelly-Sachs-Weg		5 203	240	Hausgruppen
1	Großauheim	Ricarda-Huch-Weg	1	2 809	240	Mehrfamilienhaus
1	Großauheim	Rudolf-Hagelstange-Weg	9 11	336,4 336,4	240	Reihenmittel-häuser
1	Großauheim	Thomas-Mann-Weg	1	4 259	240	Mehrfamilienhaus

2	Steinheim	Hermann-Huffert-Straße	10	808	220	Einzel- oder Doppelhaus
2	Steinheim	Wetterauweg	1 22 24 26-32	1 537 354 318,4 318,4	270 privat privat 270	Reihenendhaus Reihenmittelhaus Reihenmittel-häuser
2	Steinheim	Wilhelm-Paul-Straße	2	5 727	260	Einzel- oder Doppelhaus
3	Mittelbuchen	Auf den Römerkastellen	79 81	492 621	270	Doppelhaus-hälften
3	Mittelbuchen	Neubaugebiet Mittelbuchen West		diverse Grundstücke	240-320	Einzel- oder Doppelhaus
4	Klein-Auheim	Obergasse	30	186 164 350	240 privater Anteil	Doppelhaushälfte
4	Klein-Auheim	Neubaugebiet Reitweg		diverse Grundstücke	233	Einzel- oder Doppelhaus

Tabelle A-1: Wohnbaugrundstücke der Stadt Hanau

Quelle: Datengrundlage Brüder-Grimm-Stadt Hanau ,2007

B   Karten und Tabellen zu Kapitel 8

B.1   Karte Gebäudesubstanz

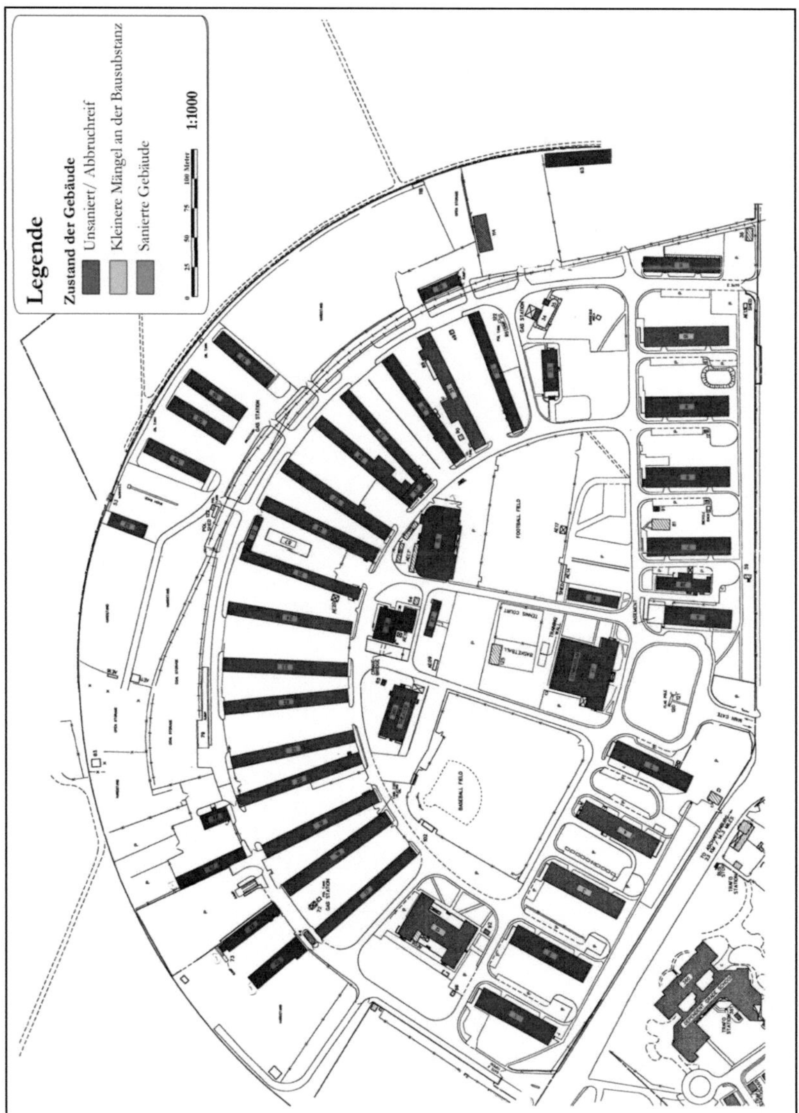

Abbildung B-1: Gebäudesubstanzen der Pioneer Kaserne

Quelle: Eigene Analyse vor Ort, auf Kartengrundlage von Hanau Military Community

B.2 Tabelle Gebäudenutzungen

Gebäude Nr.	Nutzung (teils Vermutungen)	Gebäude Nr.	Nutzung (teils Vermutungen)
1	Verwaltung	36	Nutzung nicht erkennbar
2	Medizinische Einrichtung	37	Nutzung nicht erkennbar
3	Operations Center	38	Nutzung nicht erkennbar
4	Trial Defense Service	39	Nutzung nicht erkennbar
5	Frisör, Bücherei	40	Nutzung nicht erkennbar
6	Verwaltung	41	Sporthalle, Fitnessstudio
7	Verwaltung	42	Nutzung nicht erkennbar
8	Verwaltung	43	Nutzung nicht erkennbar
9	Verwaltung	44	Nutzung nicht erkennbar
10	Verwaltung	45	Nutzung nicht erkennbar
11	Verwaltung	46	Nutzung nicht erkennbar
12	Kantine	47	Technik für Fernsehturm
13	Nutzung nicht erkennbar	48	TÜV
14	Kino	49	Nutzung nicht erkennbar
15	Nutzung nicht erkennbar	50	Nutzung nicht erkennbar
16	Heizkraftwerk	51	Nutzung nicht erkennbar
17	Werkstätten	52	Nutzung nicht erkennbar
18	Nutzung nicht erkennbar	53	Nutzung nicht erkennbar
19	Rotes Kreuz	54	Motorpool
20	Nutzung nicht erkennbar	55	Motorpool
21	Welcome Center	56	Motorpool
22	Lagerhalle	57	Motorpool
23	Nutzung nicht erkennbar	58	Nutzung nicht erkennbar

24	Werkstatt	59	Post
25	Nutzung nicht erkennbar	60	Nutzung nicht erkennbar
26	Geldinstitut	67	Waschsalon
27	Nutzung nicht erkennbar	83	Holzhütten
28	Nutzung nicht erkennbar		
29	Werkstatt		
30	Nutzung nicht erkennbar		
31	Nutzung nicht erkennbar		
32	Nutzung nicht erkennbar		
33	Kirche		
34	Tankstelle		
35	Tankstelle		

Tabelle B-1: Gebäudenutzungen der Pioneer-Kaserne
Quelle: Eigene Analyse vor Ort

B.3 Karte Versiegelungs- und Grünflächen

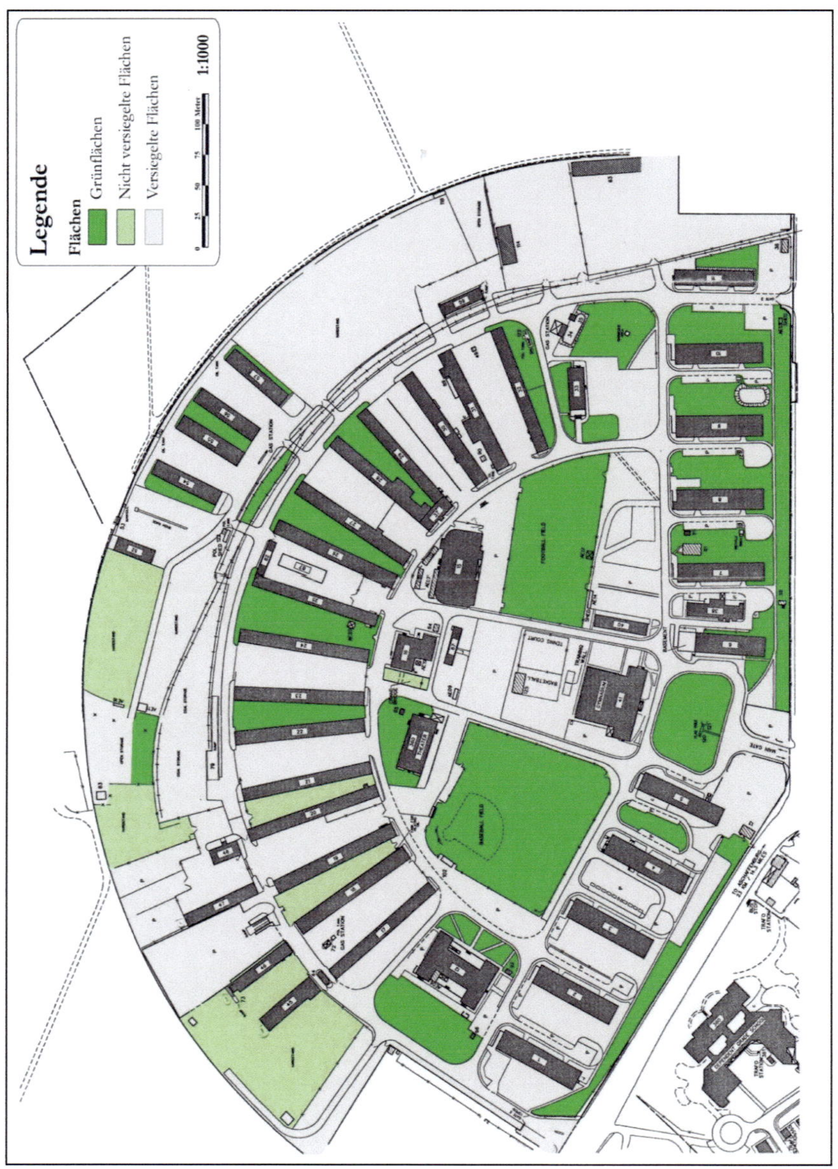

Abbildung B-2: Versiegelungsflächen der Pioneer Kaserne

Quelle: Eigene Analyse vor Ort, auf Kartengrundlage von Hanau Military Community

164

B.4 Karte Altlastenverdachtsflächen

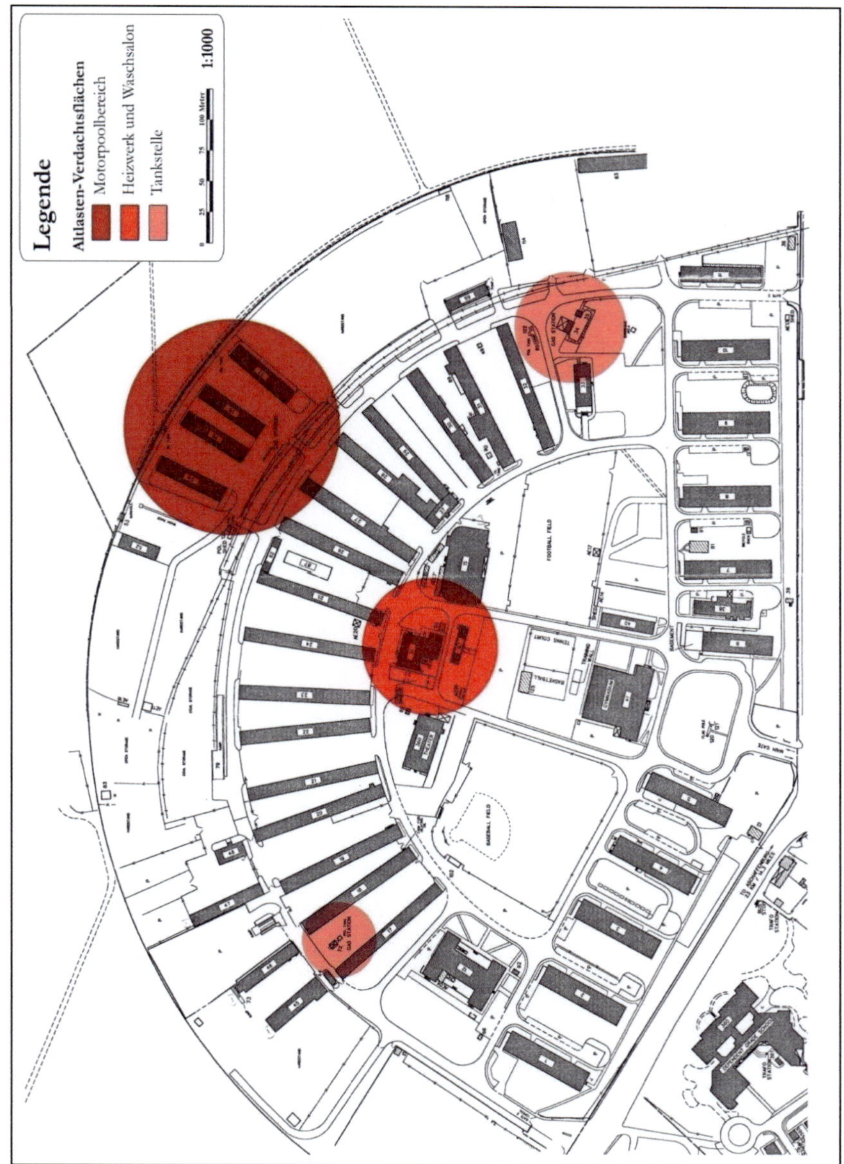

Abbildung B-3: Versiegelungsflächen der Pioneer Kaserne

Quelle: Eigene Analyse vor Ort, auf Kartengrundlage von Hanau Military Community

C   Interviews und Emails

C.1   Interview Leitfaden

(für Interviews mit verschiedenen Stadtplanungsämtern und öffentlichen Einrichtungen)

1. Erläutern Sie die Vorgehensweise Ihrer Stadt in bisherigen und jetzigen Konversionsprozessen (erste Schritte, Fragestellungen, …)

2. Welche Nutzungen kamen oder kommen derzeit überhaupt in Frage, welche nicht und warum?

3. Welche Vor- und Nachteile können sich durch die Konversion ehemaliger Militärflächen für die Stadt ergeben?